穿越抑郁的正念之道

正念之道

The Mindful Way
Through Depression

Freeing Yourself from Chronic Unhappiness

[英] 马克·威廉姆斯 (Mark Williams)
约翰·蒂斯代尔 (John Teasdale)
[加] 辛德尔·西格尔 (Zindel Segal)　　著　童慧琦 张娜 译 马淑华 审校
[美] 乔·卡巴金 (Jon Kabat-Zinn)

机械工业出版社
CHINA MACHINE PRESS

图书在版编目（CIP）数据

穿越抑郁的正念之道／（英）威廉姆斯（Williams, M.），等著；童慧琦，张娜译．
—北京：机械工业出版社，2014.12（2025.8重印）
书名原文：The Mindful Way through Depression: Freeing Yourself from Chronic Unhappiness

ISBN 978-7-111-48597-1

I. 穿… II. ① 威… ② 童… ③ 张… III. 情绪－自我控制 IV. B842.6

中国版本图书馆 CIP 数据核字（2014）第 270540 号

穿越抑郁的正念之道

出版发行：机械工业出版社（北京市西城区百万庄大街 22 号　邮政编码：100037）

责任编辑：董凤凤　　　　　　　　　　　　　　责任校对：殷　虹

印　　刷：北京联兴盛业印刷股份有限公司　　　版　　次：2025 年 8 月第 1 版第 24 次印刷

开　　本：170mm×242mm　1/16　　　　　　　印　　张：15

书　　号：ISBN 978-7-111-48597-1　　　　　　定　　价：69.00 元

客服电话：(010) 88361066　68326294

如何获取本书附带的正念指导语音频

为了帮助你更好地开展本书中的正念练习，卡巴金博士亲自录制了指导语，由童慧琦博士翻译并转录为中文版本。

请扫以下二维码获取全部音频：

推荐序

抑郁苦海，正念为舟

抑郁好治，复发难办。

治疗抑郁障碍，并非天大的难事。大多数患者，经过几个疗程的药物或心理治疗皆可康复。

真正的困难，在于预防复发。很多精神病学手册推荐用药预防复发，但是这显然不是好主意。姑且不论费用，光副作用就让人不堪忍受。

从循证治疗的标准来说，目前预防抑郁复发的心理疗法，有人际关系治疗（Interpersonal Psychotherapy，IPT）和正念认知治疗（Mindfulness-Based Cognitive Therapy，MBCT）两家可选。哪家最强呢？

我投票给正念认知疗法。

原因之一，正念认知治疗的自助手册有中文译本，而人际关系治疗没有。

原因之二，两个疗法比较起来，正念认知疗法更好操作。

原因之三，正念认知疗法，其文化背景是西方的科学主义和东方的佛教，显然更具有中国文化亲和性。

我多年前就接触过《穿越抑郁的正念之道》这本书，当时碰到了长期抑郁的患者，正在茫茫书海中寻找适合来访者的自助之书，此书正好解了我的病人们的燃眉之急。

在此书出版之前，我只能向来访者们推荐另外一本书——《抑郁症的内观认知疗法》。[⊖]

可《抑郁症的内观认知疗法》是写给心理治疗师看的，有大段大段的专业话语，对于来访者来说不太好读。

在《抑郁症内观认知疗法》出版之前，我只好推荐我自己翻译的一些短文给来访者们看，有时候还要满怀希望地问："看得懂英文吗?"

正念认知疗法和佛教有千丝万缕的联系，它起源于卡巴金的正念减压训练（Mindfulness-Based Stress Reduction，MBSR），卡巴金的 MBSR 又与美传佛教的萨兹堡（Salzberg）、康菲尔德（Kornfield）、戈德斯坦（Goldstein）以及葛印卡的南传佛教有关联，并且加入了一点哈达瑜伽的身体技术。

如果把正念认知疗法比喻为一叶穿越抑郁苦海的扁舟，那么它的双桨是正念，而整个船体则是八周的结构。很多人会注意一个个的正念技术，而忽略了这个结构。这个结构在佛教中称为道次第，类似于运动员的训练计划表。它非常重要。这在本书的第 11 章有展现。所以我一般推荐来访者们首先阅读第 11 章。

我认为这是使用此书的一个诀窍。

此次本书的翻译，请来了有"华人正念教母"之外号的童慧琦教授亲自主译，实乃此书之福也。

童教授身在美国，不忘故土，早就有意造福国人，早在国内读硕士期间就学修过认知疗法。后来她在美国博士毕业，成为心理治疗师后，更是不断修学正念减压、辩证行为治疗、正念认知疗法等，而且不断把美国正念界的精英们请到国内，与国内专业界进行交流。故而她是此书翻译的不二人选。

更为超值的是，此次她本人亲自出马，录制此书的练习录音，赠送读者。这个录音在此书之前的版本中是缺失的，这是一个重大缺陷。

⊖ "内观认知疗法"即"正念认知疗法"，同样的英文，不同的翻译。——编者注

慧琦自己是经验老到的旧金山正念团体领导者，对各种练习音调的起承转合，语速、语调熟稔于心，而她本人嗓音优美，有一种天生的慈悲疗愈之功。相信国内参加过她工作坊的人都有体会。

此书的出版，除了有利于来访者，想必会引发更多的人加入此行，成为正念认知团体的带领者。

我经常幻想，那些罹患抑郁的来访者们，除了每周一次见我外，还可以每周参加一个以此书为核心的正念团体，远程或面对面的，有人教授他们各种正念技巧。他们也可以在一些提供心理咨询服务的 app 平台上，订制一个随时随地可提问的正念图文咨询顾问。与此同时，他们可以订购到类似此书的中文音频版本，订购到此书的每天一句的微信式短信发送版本。

这样，来访者得到的就不仅仅是一个单一的治疗师，买到的也不仅是一本书，而是一系列的服务和关怀。

养育一个孩子需要一家人的努力，治愈一个抑郁者同样也需要从治疗师，到手机软件提供者、图书编辑一系列人的分工合作。

这样一种宏大的幻想，可以出于慈悲，也可以出于贪欲。曾国藩曾经写过："治生不求富，读书不求官，修德不求报，为文不求传。"这大概是转换贪欲的一个诀窍。他接着说："譬如饮不醉，陶然有余欢。"正念练习者，初期大概的确是犹如在大海上航行的人，遇到一点心灵世界的风浪，马上回到"正念"那遮风避雨的小舟中。但是到比较成熟的程度，正念者大概就如同一个品酒者，原先被看作惊险又美丽的汪洋大海，现在变成了可以随时取用的美酒，一杯杯品尝，并不沉溺，也不喝醉，除非必要。

李孟潮

译者序

正念认知治疗

——从"穿越抑郁的正念之道"到"喧嚣世界中的静心法"

从美国《时代》杂志、英国《卫报》、哥伦比亚广播公司的黄金栏目"60分钟"到中国心理学会临床与咨询分会所主办的正念减压课程培训，正念在非宗教框架和背景中的传播日益普及和深入。从行为治疗的第三浪潮，到正念教育、正念企业、正念分娩、正念养育，各种课程应运而生。

在心理治疗领域，20世纪90年代，英国牛津大学马克·威廉姆斯、英国剑桥大学约翰·蒂斯代尔和加拿大多伦多大学的辛德尔·西格尔，这些受经典贝克（Beck）认知治疗影响的杰出心理学家们，一直从事着抑郁症的心理模式和治疗方面的研究。

20世纪80年代，在抑郁症领域，同时存在着两种情况：①对抑郁发作（depressive episode）已经有了有效的抗抑郁药以及认知行为治疗；②抑郁极其容易复发。

三位心理学家在世界认知治疗大会上相识，目光不约而同地关注着抑郁的复发问题——如何识别复发的人群以及如何预防复发。在设计抑郁症状缓解后的维持期治疗的时候，他们在认知治疗中整合进了注意力培训（attention training)，开始脱离"治疗"框架，而转向正念框架，强调在觉知中抱持情感和想法，而非尝试改变它们。

而在 1993 年 10 月，他们带着好奇和疑问，飞到了麻省正念中心，坐到了正念减压创始人乔·卡巴金博士的课堂上。此次历史性的会面之后，正念开始被系统地整合进经典认知治疗中，于是有了今日的正念认知治疗（mindfulness-based cognitive therapy）。自此推动了正念研究领域的第一个大突破，有关正念的文献报道进入指数级增长阶段。

有关正念认知治疗的最新科学发现可以让我们从根本上认识到究竟是什么在助养抑郁或长久的忧伤，这些研究发现：

- 当心境开始陷入下滑的螺旋之际，带给我们伤害的并非心境本身，而是我们对心境的应对方式。
- 我们习惯于竭力去摆脱痛苦，但这些努力非但不能让我们获得解脱，反而会把我们囚禁于我们想竭力挣脱的痛苦中。

在传统的精神医学中，行为是否具有目标导向（goal oriented）被作为个体精神状态检查中的一项。而精神疾病患者常会表现出行为不符合逻辑，缺少方向和目标。正常的人似乎都很明确地知道自己的目标，想要达成什么，去采取什么样的行动，并经由行为去缩短目标与现实的距离。这正是我们心智的行动模式（doing mode）。这种行动模式在我们人类的生存和发展中有着极其重大的意义。只是，在很多时候，对目标和结果的执著，也会令我们陷入困顿——譬如抑郁症的反复发作。当我们陷入抑郁中时，心智的行动模式就会启动，会想方设法地去分析缘由，并试图找出可以减轻或者摆脱抑郁的方法。只是情绪开始消沉之时我们所"做"的一切，似乎都无济于事。试图以惯常解决问题的方法去摆脱抑郁，试图"修正"我们的"毛病"的方法，只会令我们陷得更深。就如同身陷流沙的人，越是想奋力摆脱，则会陷得越深。正如阿尔伯特·爱因斯坦所言："当今世界上所存在的问题无法经由思考来解决，因为正是这个层面的思考制造了它们。"

而心智的存在模式（being mode）则要求我们对所遭际的一切都保持觉知，接纳从而安然地面对。这份安然面对是对绝望、无助、忧惧、躯体上的不适、消极的念头都了了分明而又坦然。这份安然面对的觉知可以改变我们与身心现象的关系，充满疗愈和转化之力量，可以令我们重获自由。对身心现象的觉知和接纳，可以经由正念的修习来培育，这份随着有意地、不带评判地把注意力关注于当下而起的觉知，关乎与一切现象建立一种非反应式（non-reactive）的、友善的关系。

"正念认知治疗"则结合了对现代科学和冥想的最新理解，而这些冥想方法的临床效用已经在主流医学和心理学领域中获得证实。它崭新而有力地综合了对身心的不同理解方式，能够帮助我们彻底转变与消极想法和情绪的关系。经由此种转换，你可以找到突破螺旋式下滑心境的方法，而不至于让它变成抑郁。研究显示，对那些曾经有过三次或更多次抑郁发作的人来说，认知正念疗法可以把复发率减少一半。

但你不必被诊断为抑郁，才可以从中获得极大的裨益。当我们把正念认知治疗的精髓应用到日常生活中的时候，它可以帮助我们从喧嚣的生活中，找到一个静心的方法。这些年，正念认知治疗从针对抑郁复发的临床治疗与咨询的范畴走向非临床性的应用，发展为人人可应用，成系统又容易学习的静心法。

非常感恩此书由上海的李孟潮老师引荐翻译。孟潮是中国心理治疗界的一大才子，内心粲然，为人清静，这些年来一直安然地做着治疗，也喜欢在治疗中运用正念的技术和理念。我出国近二十载，对母语的应用深感不自信，曾因心怯而推托。直到邀请到清华大学毕业的张娜共同翻译，我才敢答应机械工业出版社。而又有张娜以及华人正念减压中心（台湾）的胡君梅、简玉如、黄淑锦、杨秀玲诸友帮助翻译指导语。香港正念中心的马淑华博士则参与了部分审校，对一些正念认知治疗中常用语的翻译做了详细的解析。在此一并感谢！

最后我也要感谢我的家人，容忍我为了"正念"的工作，而格外忙碌的样子。孩子是我的"居家禅师"，从他口中道出的话，时常令我反省——"Mom, are you talking about mindfulness more or practicing more?"（"妈妈，对正念，你是讲得多呢，还是修习得多？"）——确实，一切都应该根植于个人的修为。不然，只停留在文字的层面，再华丽雄辩，亦是肤浅的道听途说。

　　此书出版之际正值牛津大学正念中心创始人马克·威廉姆斯教授来北京做公开演讲和工作坊——他告诉我说已经半退休了，其实是在世界各地介绍正念及正念认知治疗。他在英国的议会和牛津大学的学生群体中所推广的"The Frantic World Program"（"喧嚣世界课程"）则是衍生于正念认知治疗的、在非临床设置中的应用。"The Frantic World Program"自然令我联想到正念减压之父卡巴金教授的"The Full Catastrophe Living"（我将之翻译为"多舛的生命"，而"Full"则又有"饱满"之意）——这样的取名法，有着异曲同工之妙，本身就是对正念的一种阐释——不规避生活的实相，亦不执著于幸福、成功。如何在多舛的生命、喧嚣的世界中，心怀慈悲、安之若素，正念认知治疗、"喧嚣世界课程"都是值得尝试的方法。

童慧琦

厌倦了这么持久的坏感觉

抑郁令人痛苦。它是夜间攫走你快乐的"黑狗",令你忐忑不安,难以入眠;它是午间只有你能见到的魔鬼,那份黑暗只向你显露。

如果你正捧读这本书,那么,可能你知道这些比喻绝非夸张。任何受过抑郁造访的人都明白,它会带来令人疲惫不堪的焦虑、巨大的自我不满以及空洞、失落的感觉;它会令你感到绝望、萎靡不振,渴求从未尝到的幸福滋味,而被无边无际的索然无味和失望所耗竭。

任何人都会想方设法避免感到如此不快、绝望。然而,具有讽刺意味的是,我们所做的一切似乎都是徒劳……至少不会管用很久。一个令人悲哀的事实是:一旦你曾经抑郁,哪怕其间会有几个月的时间感觉良好,它还是容易复发。如果这发生在你身上,或者你似乎无法找到持久的幸福,你最终可能会觉得自己不够好,是个失败者。当你试图去探寻更深刻的意义,试图去彻底理解感觉如此糟糕的原因时,"不够好""失败者"这样的念头会萦绕你脑际。如果无法找到一个令人满意的答案,你可能会感觉到前所未有的空洞和绝望。最终,你可能会认定自己在根本上存在着一些缺陷。

但是,倘若你根本没有什么"毛病"呢?

倘若，跟反复遭受抑郁之苦的人们一样，你那份理智的甚至是英雄般的解救自己的努力恰恰让自己成了牺牲品——如同想挣扎着走出流沙的人们那样，越是挣扎，陷得越深。那该怎么办呢？

我们写这本书，是想通过分享最新的科学发现来帮助你去理解这一切是如何发生，又有些什么样的应对方式。这些科学发现，让我们从根本上认识到究竟是什么在助养抑郁或长久的闷闷不乐。

- 当心境开始陷入下滑的螺旋之际，带给我们伤害的并非心境本身，而是我们对心境的应对方式。
- 我们习惯竭力去摆脱痛苦，这些努力非但不能让我们获得解脱，反而会把我们囚禁于想竭力挣脱的痛苦中。

换句话说，情绪开始下沉之时我们所"做"的一切，似乎都无济于事。因为试图以惯常解决问题的方法摆脱抑郁，试图"修正"我们的"毛病"，只会令我们陷得更深。凌晨三点时对生活现状挥之不去的纠结想法，当感觉自己正跌入忧伤中时苛责自身的"脆弱"，拼命说服自己身心不要如此低沉……这一切思绪的旋涡，只会把你推向痛苦的深渊中。任何一个在无眠之夜辗转反侧的人，或者因无尽的反复思量而无法顾及生活中其他事务的人都明白，这样的努力是多么徒劳。但是我们也知道自己是多么容易被这些心理习惯困住。

在下面的章节和音频中，我们为你提供了一系列的练习。你可以把这些练习融入日常生活中，让它们帮助你从那些令你闷闷不乐的心理习惯中解脱出来。我们把该课程称为"正念认知疗法"，它结合了对现代科学和冥想的最新理解，而这些冥想方法的临床效用已经在主流医学和心理学领域中获得证实。它崭新而有力地综合了对身心的不同理解方式，能够帮助你彻底转变与消极想法和情绪的关系。经由此种转换，你可以找到方法突破心境下滑的漩涡，不至于让它变成抑郁。我们的研究显示，对那些曾经有过三次或更多次抑郁发作的人来说，本书中所讲述的课程可以把复发率减少一半。

参加我们研究的所有男性和女性都遭受过反复的临床抑郁之苦。但你不必被正式诊断为抑郁，才可以从本书中获得极大的裨益。很多饱受与抑郁相关的绝望和痛苦的人从不寻求专业帮助，但他们依旧明白，在生命的很长一段时间里，他们被长期闷闷不乐所囚禁。如果你觉得自己反复地挣扎于绝望、倦怠和忧伤的流沙中，我们希望你会发现本书及音频可能具有潜在的巨大价值，能够帮助你从令人不断下陷的消沉情绪中解脱出来，给你的生活重新带来生机和真切的幸福。

　　由于个体差异，究竟你会如何体会到与消极情绪的关系产生深刻健康的转变，以及在此转变之后随之而来的会是什么，这些都难以预计。在一段时间（该课程中的八周）里，暂时地搁置评判，并全心地投入到这个过程中，看看会有些什么发生，是得以真正了知该方法有何益处的唯一途径。我们就是这样要求课程参与者的。为了深化该过程，并让它更加真切，本书音频在描述冥想练习时，会给予你仔细而准确的指导。

　　在做冥想练习的过程中，我们鼓励你去试着培养"耐心""自我慈悲""开放的心态"和"温柔的坚持"等态度。这些品质可以帮助你从抑郁的"引力"中解脱出来，提醒你当前科学所证实的：停止努力去解决"感觉糟糕"这个问题，其实是件好事。事实上，这恰是明智之举，因为我们解决问题的种种习惯性方法几乎都以让事情变得更加糟糕而收场。

　　作为科学家和临床工作者，在经历一番曲折之后，我们对于什么对反复发作的抑郁有效以及什么无效，有了全新的认识。直至20世纪70年代早期，科学家们集中于寻找对急性抑郁的有效治疗——因为那种来势汹汹的第一次发作通常由个人生活中的灾难性事件所激发。他们在抗抑郁药物中找到了有效的治疗，对很多人来说，迄今这些药物都是非常有用的。但接着他们发现，抑郁哪怕在得到治疗之后通常还会复发，而且越多经历抑郁，它再次发作的可能性就越大。这个发现改变了我们对抑郁及长期闷闷不乐的整体看法。

原来，抗抑郁药物可以"解决"抑郁症，但这仅限于病人持续服用药物时。当他们停止服药，抑郁会复发，就算有时要到几个月后才会复发。无论是病人还是医生都不喜欢通过终生服药来把抑郁这个幽灵拦在门外。因此，在20世纪90年代早期，辛德尔·西格尔（Zindel Segal）、马克·威廉姆斯（Mark Williams）、约翰·蒂斯代尔（John Teasdale），我们几个人开始探索发展一种全新方法的可能性。

首先，我们着手去发掘抑郁症复发的原因——在每一次遭遇流沙时，是什么令其变得更加危险。结果发现，每当一个人抑郁的时候，大脑中有关情绪、思维、身体和行为的联结就变得越发强大，更加容易激发起抑郁症。

其次，我们开始探究：面对这个持续的风险，我们可以做些什么。我们知道有一种叫认知疗法的心理治疗被证明对急性抑郁有效，并使得很多病人免于复发。但是，没有人确切知道它是如何起作用的。我们需要找出原因——这不仅是出于理论上的兴趣，而且也因为这个答案有着极其巨大的临床实用意义。

届时，所有的治疗（包括抗抑郁药物及认知治疗等）都只会被开具给已经抑郁的病人。我们推断，如果能够识别出认知治疗的关键所在，我们有可能在他们还好好的时候，就教给他们那些技能。与其等到下一次发作，我们希望能够把抑郁扼杀在摇篮里，从而彻底防止复发。

奇妙的是，我们各自的研究和调查最终驱使我们去检验一些冥想练习的临床应用。这些练习旨在培育某种特定形式的觉察，被称为正念。正念源于亚洲传统智慧。这些练习，在几千年来，都是佛教文化的一部分，经由麻省大学医学院的乔·卡巴金（Jon Kabat-Zinn）和他的同事的打磨和完善，被用于一个现代的医学机构中。1979年，卡巴金博士在那里设立了减压课程，就是如今的正念减压课程（MBSR）。该课程立足于正念冥想练习及其在压力、疼痛和慢性疾病中的应用。至关重要的是正念必须同时被描述为"诚挚的心念"（heartfulness），因为它实际上是关乎一份悲悯的觉知。正念减压课程被证实能帮助慢性疾病、身体虚弱及有焦虑和惊恐等心理问题的患者重新获得力量。这些益处不仅可见于人们在感受、思维和行为上的改变，也可见于那些负性情绪底下大脑活动模式的改变上。

虽然开始有些顾虑，不知我们的同事和病人听说我们要考虑把冥想作为预防抑郁的方法时会说些什么，但我们还是决定去仔细研究一番。很快我们就发现，西方认知科学和东方冥想练习的结合正是打破抑郁反复发作这个循环亟需的，在这种循环中，我们倾向于反反复复地思考是什么出了问题或者事情是如何不如意。

当抑郁开始令我们消沉的时候，我们通常的反应是通过压抑来试图摆脱它或者想用思考从情绪中走出来。在这个过程中，我们挖掘出了过往的遗憾，也构想出对未来的忧虑。在我们头脑中，我们尝试这个或那个解决问题的方法，但用不了多久，我们就会为找不到缓解痛苦情绪的方法而感觉很糟糕。我们迷失在当下的处境和想要的生活的比较中，很快，我们几乎完全生活在自己的头脑里，穷思竭虑。我们与世界、身边的人，甚至那些我们挚爱以及深爱着我们的人都失去了联结。我们不让自己去体验来自全然生活的丰富多彩的信息，难怪我们会感到受挫沮丧，甚至无能为力。而这，恰是慈悲的冥想觉知可以发挥巨大作用的地方。

如何最好地使用本书

心理上的策略有时会成为一种无穷尽的循环，这些策略本身可以成为抑郁的重要部分。本书所教授的正念练习可以帮助你采取一种全然不同的方法去面对这种心理策略的循环。事实上，它还能够让你从此种心理活动模式中彻底解脱出来。培育正念能够帮助你放下对过往的懊悔以及对未来的忧虑。它会增加思维的弹性，可能前一刻你还觉得不知所措，而此刻新的可能性已然向你敞开。练习正念能防止我们从人人都会体验到的正常的不快演变为抑郁。它的效力来自帮助我们与自身内外有助学习、成长和疗愈的全面资源重新联结。我们可能甚至从不相信自己拥有这些资源。

无论抑郁与否，我们通常会忽视或者完全视之为理所当然的一个关键的内在资源是身体本身。当我们迷失在思维中，并竭力想摒弃情感时，我们很少去关注来自自身躯体的感受。然而，那些来自体内感受的即时反馈令我们知道正发生的情绪和心理状态。在我们从抑郁中解脱的探索中，躯体感受可以给予我们宝贵的信息，对它们的专注关注可以帮助我们脱离心理上的陷阱，不至于陷入将来或者胶着于过去，还可以转化情绪本身。本书的第一部分阐述了思维、身体和情绪是如何一同在抑郁的形成和维持中起作用的，而来自于最前沿研究的观点告诉我们如何去打破这样一个恶性循环。它突显了我们如何成为思维、情感和行为习惯所驱动模式的牺牲品——这些模式会限制生活本有的快乐和我们可以感受到的种种可能性。它表明，全然觉知地活在当下，有着一种意料之外的力量。

虽然最新研究发现逻辑和知识可能极具说服力，但是它们本身并不一定实用，部分原因在于它们倾向于通过思维和推理对头脑说教。因而，本书的第二部分邀请你去亲自体验，当我们完全给卷进去、迷失于心理的旋涡中，努力想"修理好"自己的苦恼以及与自身其他部分、智力（包括正念的力量）失去接触时，究竟错失了什么。在此时，思考"培育你自身的思维、身体和情绪的正念究竟意味着什么"可能只是又一个抽象的概念。因此，这部分设计是来帮助你去发展自己的正念练习，自行去了解正念具有怎样深刻的转化和解放的力量。

本书第三部分会帮助你完善练习。在负性思维、情绪、身体感觉和行为聚在一起成为旋涡，将要把不快转变成抑郁时，这些练习可以派上用场。

本书第四部分把一切都汇总成一个整合的策略，告诉我们在面临生活中所有挑战，特别是面临抑郁复发的时候，如何去生活得更完整和更高效。我们分享了一些人的故事，他们在面对抑郁经历的时候，如何经由投入做正念练习获得了成长和改变。我们提供一个系统的、易于实施的八周的课程，以一种切实可行的方式把本书所描述的所有因素和练习结合到一起。我们希望，阅读此书和投入到这些练习本身可以是一种最切实可行的方式，令你与你所具有的智慧和疗愈的能力联结。

从这种途径中获益的方法有很多种。如果时机合适的话，从一开始就投入到八周完整课程中会有很大收益，但是一定要去这样做。实际上，你甚至不必具有"抑郁"这个特定的问题，就能够从这里所描述的一个或多个练习中深深得益。我们所要审视的那种习惯自动的心理模式基本上影响着我们所有人，除非我们能够正视处理它们。你可能只是想更多地了解你的思维和内在情绪的景致（interior emotional landscape）。或者，在这样做的时候，你可能会很自然地在好奇心的驱使下，去尝试书中第二部分所介绍的一些正念练习，这随之会令你全心地投入到八周的课程中去，去了解究竟会发生什么。

在进一步讲述之前，我们想提醒两点。其一，我们所描述的各种冥想练习通常需要假以时日才会显示出它们全部的潜力。所以它们被称为"练习"。它们需要你带着开放和好奇的精神去一再地重温、造访，而不是去强求某种你觉得重要的结果，以证明投入时间和精力没有白费。对我们大多数人来说，这着实是一种新型的学习，但是非常值得尝试。我们在这里所讲述的都旨在支持你的努力。

其二，如果你正处在一次临床抑郁发作中，不去参加整个课程可能是明智的。最新的证据表明，最好等你经过必要的治疗脱离了深度的抑郁，当你的思维和心灵不再受急性抑郁的重压，而能够接近这种应对思维和情绪的新方法时，再去开始这一课程，这是更为谨慎的选择。

无论你的起点是什么，我们鼓励你带着耐心、自我慈悲、坚持和开放的心态去练习本书和音频中所描述的练习和冥想。我们都会倾向于迫使事物成为某种模样，在这里，我们邀请你放下这种倾向，而是培养对此刻已存在的事物的一份包容的心。经历整个过程的时候，尽量地，只是相信你的学习、成长和疗愈的根本能力，并投入到练习中去，仿佛你的生命有赖于它们。而其实，无论是事实上还是象征意义上，确实如此。其他一切只需顺其自然。

第四部分　重新活出你的生命

Part 1

第一部分

心、身和情感

The Mindful Way Through Depression

第1章

"哦，不，我又这样了"：

为何烦恼挥之不去

　　早晨三点钟，爱丽丝辗转反侧，难以入眠。两个小时前，她突然惊醒，头脑里立刻就浮现出下午与她的上司会面的情景。不过，这一次，还有一个评论员。这是她自己的声音，这个声音用尖锐的问题来责问着她：

　　"为什么我要那样做呢？我听上去就是一个傻瓜。当他说'满意'的时候，究竟意味着什么——好，但不足以加薪？克里斯汀的部门？他们跟这个项目有什么关系呢？那是我的领地……至少现在如此。难道那就是他所谓的评估事情进展得如何？他在筹划安排别人去做负责人，不是吗？我知道我的工作做得还不够好——不足以加薪，可能甚至不足以保住职位。真希望我能预见到事态会变成这个样子……"

　　爱丽丝无法重新入睡。当闹钟响起时，她的想法已经发展下去，从对工作职位的绝望，到一旦她需要重新寻找工作时，她和孩子们陷入水深火热之中的窘境。当她拖着浑身疼痛的身体起床，艰难地走向洗手间的时候，她已经看到自己被一个又一个她求职的雇主所拒绝。

　　"我不能责怪他们。我只是无法理解，我怎么会如此频繁地感觉低落？我怎么会觉得所有的事情都不堪重负？别人似乎都把握得好好的。显然，我无法同时应对一份工作和一个家。他是怎么说我来着的？"

她头脑里的录音带又开始重新循环转动起来。

吉姆没有任何睡眠困难。事实上，他似乎难以保持清醒。他又那样了，坐在停在办公室停车场的车里，觉得一天的重荷正把他按压进座位里。他的整个身体都如灌了铅一般沉重。他唯一能做的就是松开座位安全带。他依旧坐着，无法动弹，卡在那里，无法去抓住车门把手，然后去上班。

或许把一天的日程安排在脑海里过一遍……那总是能让他行动起来，让一切运转起来。但今天不行。每一个预约、每一个会议、每一通他要回的电话，都令他觉得是在吞咽一个"铁球"。而每一次吞咽，他的心念就会从一天的安排中漂移，他会想到那个每个早晨都在耳边喋喋不休的问题：

　　"为什么我感觉如此糟糕？我已经得到了大多数男人想要的一切——一个贤淑的妻子、很好的孩子们、一份稳定的工作和一栋不错的房子……我究竟怎么啦？我为什么不能让自己振作起来？为什么总是这个样子？温蒂和孩子们对我的自怜已经厌恶至极。他们不能再忍受我太久了。如果我能够把事情搞清楚，一切就会不一样了。如果我知道我为什么会觉得如此糟糕，我就能够解决这个问题，并可以如别人一样生活了。这实在是愚蠢啊。"

爱丽丝和吉姆都只是想要快乐些。爱丽丝会告诉你，在她的生活中曾经有过好时光。但它们似乎从未能够持久，总会有些事情令她失控跌入深渊。那些年轻时候她曾经能够应付的事情，如今，在她意识到究竟是什么击中她之前就已令她陷入绝望。吉姆也说他曾经有过美好的日子——但他倾向于把这些日子描述为"没有痛苦的时间"，而不是"快乐的时光"。他不知道究竟是什么可以令这份钝痛消退或者重现。他只知道他已经记不清上一次与家人或朋友谈笑风

3

生的夜晚是何时了。

　　失业的画面在爱丽丝的脑海里盘旋不去，脑海边际蛰伏着深切恐惧，担心无法为自己和孩子们做需要做的一切。不能再这样了，她轻叹一声，想到。她记得很清楚，当她发现伯特有外遇，把他赶出家门之后所发生的一切。自然地，爱丽丝觉得伤心和愤怒，但也为他对待她的方式感到屈辱。他不忠诚。她最终觉得在挽救这段关系的战斗中"输了"。随之，她感到单身母亲的境况把她困住了。开始时，为了孩子们，她必须强打起精神。每个人都很支持，但到了某个时间，她认为她应该把这一切置于脑后了。她不能再继续从家人和朋友那里要求帮助。四个月后，她发现自己哭得越来越多，感觉越发抑郁了——她没有了指导儿童唱诗班的兴趣、无法集中注意力工作，并为自己是个"糟糕的母亲"而感到内疚。她无法睡觉，"不停地"吃，最终她去见了家庭医生，并被诊断为抑郁症。

　　爱丽丝的医生开了抗抑郁药，令她的情绪有了很大的好转。在两个月之内，她重新回到了正常的自己——直到九个月后，当她的新车在一次意外中被彻底毁坏了的时候。虽然只有几处擦伤，但她就是无法摆脱那份感觉——她几乎九死一生——并且一再地回顾着事故场景，责问自己怎么可以如此鲁莽，把自己置身于这样的危险中，差点让孩子们失去他们唯一的、真正的家长。当这些阴暗的念头变得越来越厉害的时候，她给医生打了电话，又要了一份处方。很快，她又觉得好些了。在接下来的五年时间里，这种模式又重复了几次。每次，当她觉察到自己又被拖下了那个旋涡时，她的恐惧就会加剧。爱丽丝不确定她是否还能够再次承受它。

　　吉姆从未被诊断为抑郁症——他未曾与他的医生谈过他黯然的想法或者持续的低落情绪。他依然活着，而他生活中的一切都好好的，他有什么权利对人抱怨这一切呢？他只是坐在车里，直到有什么可以推动他去打开车门，开始做事。他尝试着去想想他的花园以及园子里很快就会绽放的美丽的郁金香。但这只提醒他，他没有在秋天里很好地清理园子，现在他必须做很多事情把园地准备好，这个想法令他觉得疲惫不堪。他想着孩子们和妻子，但是一想到在晚餐桌上他要参与谈话，他就想早点上床，如同昨晚一样。他本打算早点起来，完成昨天留在办公桌上的事情，但他就好像醒不过来似的。或许他应该留在办公室里把一应工作都做完为止，哪怕他需要在那里待到半夜……

爱丽丝患有反复发作的重性抑郁障碍。而吉姆可能有心境恶劣状态——一种低强度的抑郁，一种比起急性的状态来说更加持久的状态。但诊断并不那么重要。爱丽丝、吉姆和我们中很多人的问题在于我们都迫切地希望快乐，但不知道如何去获得。为什么我们有些人会一再地感觉如此低落？为什么有些人好像感觉不到真正的快乐，而只是艰难地过日子，长期地低落、不满、疲惫而不安，对那些曾经让我们快乐、令生活有意义的东西兴趣索然？

对大多数人来说，抑郁起始于对生活中的灾难或者逆境的一种反应。丧失、羞辱和挫败等事件可以令我们觉得陷入了困境，特别有可能造成抑郁。爱丽丝在丧失了与伯特的长期关系之后变得抑郁了。一开始，她出于义愤，带着报复心理来应对单亲养育。这变成了她在晚上下班回家后，在家里能够顾及的一切。为此，她放弃了下班后与朋友的聚会，放弃与她母亲一起晚餐，甚至放弃了与住在邻近州的姐姐通电话。很快，她觉得被孤独所压倒，觉得被一种持久的被抛弃的感觉所击垮。

对吉姆来说，丧失来得更加微妙一些，对外面的世界来说没有那般显而易见。在咨询顾问公司里被提拔之后几个月，吉姆需要在办公室里待得越来越晚，他发现再也找不到时间与朋友在一起了，并不得不退出园艺俱乐部。他还领会到他并不喜欢担当上司这个新角色。最终，他要求重新回到与他从前从事过的相似的工作。这个改变是一种解脱，而没有人知道吉姆并不快乐——在开始时，甚至连吉姆自己也不知道。但他开始变得恍恍惚惚，常常分心。在吉姆的脑海中，他对自己的决定犹豫不决，过度地分析与他上司的每一个简短的互动。最终，他不断地责怪自己"辜负"了公司和自己。他什么都没说，并努力不理会这些想法，但在接下来的五年间，他越发地退缩了，并且健康上出了很多小问

5

题，用他妻子的话来说，他"不再是我曾经认识的那个男人"了。

丧失是人类处境不可避免的一部分。大多数人在经历爱丽丝的那种危机之后，都会觉得生活是一个巨大的挣扎。而我们中的很多人会像吉姆那样，会因为对自己或他人的失望而感到渺小。那为什么只有某些人会因这些困难体验而遭受持久影响呢？爱丽丝和吉姆的故事里蕴含着一些端倪。

🔲 当烦恼变成抑郁 而抑郁挥之不去

当今，抑郁是影响着几百万人的沉重负担，并且在西方国家变得更加普遍，在那些经济越来越"西方化"的发展中国家中也如此。40 年前，抑郁症的首发年龄平均为 40 ~ 50 岁；而如今则是 20 多岁。在专栏 1-1 统计数据则显示了这个问题在当前的规模，没有什么比看到抑郁倾向于复发这个事实更令人震惊的了。经历过抑郁症的人中至少有一半人会复发，哪怕他们看似完全康复了。在第二次或者第三次抑郁症发作之后，复发的风险上升到 80% ~ 90%。那些在 20 岁前发病的人的复发风险更高。这是什么原因呢？我们三个——马克·威廉姆斯、辛德尔·西格尔、约翰·蒂斯代尔都是心理学家，多年来一直从事对抑郁症的治疗和研究，希望找出其原因。本章节余下的部分，加上第 2 章，会解释科学上如何理解抑郁和烦恼之本质，以及当我们与本书的第四作者（乔·卡巴金）一起合作的时候，这些知识是如何最终促成了本书所要介绍的治疗。

专栏 1-1 当今抑郁症的罹患率

○ 大约 12% 的男性和 20% 的女性会在一生中的某个时间患上重性抑郁。

○ 重性抑郁第一次发作的平均年龄在 25 岁左右。有相当一部分人在童年晚期或青春期经历第一次完全的抑郁发作。

○ 在任何一个时间点，大约 5% 的人口正在经历这种严重程度的抑郁。

○ 有时候，抑郁症会持续；15% ~ 39% 的患者在症状开始后的一年里依旧有临床抑郁，22% 的人在两年之后依旧抑郁。

◎ 每一次的抑郁发作都会把个体罹患又一次发作的风险提高 16%。

◎ 在美国，有 1 000 万人在服用抗抑郁药物。

我们认识到，其中一个最关键的事实在于，那些有过抑郁经历的人和没有体验过抑郁的人之间存在着显著的差异：抑郁会在大脑中铸造一条悲伤心境和负性思维之间的联结，因此，即便是普通的悲伤也会唤起严重的负性思维。这个发现为我们理解抑郁症的发病机理开阔了视野。几十年前，诸如阿伦·贝克（Aaron Beck）那样的科学先驱就领悟到负性思维在抑郁症中扮演着首要的角色。贝克和他的同事令我们对抑郁症的理解向前跨了一大步，他们发现心境非常强烈地受思维的塑造——驱动着我们情绪的并非事件本身，而是对事件的信念或阐释。而现在我们知道这看法还不够全面。不仅仅思维能够影响心境，在抑郁个体中，心境也可以影响思维，并令低落的心境越发地低。对我们中容易陷入抑郁的人来说，并不需要有创伤性的丧失就足以令其再一次陷入这个旋涡中；即使是很多人可以轻松对付的那些平常生活中的困难，也有可能令之开始滑入抑郁症或持久的、日复一日的烦恼中。而且，如接下来的篇章所述，该心境与思维的联结变得如此根深蒂固，以至于在有些时候，甚至难以被个体觉察到的、短暂或微小的忧伤都足以触发导致抑郁症的负性思维。

难怪有那么多人感到无法把自己拉出深渊，无论如何努力尝试。我们不知道是在何处开始下跌的。

不幸的是，我们越努力地想找出究竟是如何到此境地，反而把自己拉得越低，成为一个令情绪下沉的复杂机制的一部分。我们努力想理解自己，却带来更多问题，而非带来答案。何以至此呢？这是一个复杂的故事。它起始于对抑郁症之结构及其四个维度（情感、思维、躯体感觉和行为）的基本知识。我们经由这些维度来应对生活事件。要理解抑郁症的结构，关键是要明白这些不同的维度是如何交互作用的。

抑郁症的结构

在我们介绍单个的因素之前，先来简单地了解抑郁症整个模式的发展。

如专栏 1-2 中所列重性抑郁症的标志性症状所显示的，当我们变得非常烦恼或者抑郁的时候，情感、思维、躯体感觉和行为会如雪崩一般袭来。丧失、分离、被拒绝或其他带来羞辱或挫败感的逆境都可以带来巨大的情绪波动，这原属正常。不安的情绪是生活中的重要部分。它们向我们和他人发出警告，我们的生活中发生了不幸的事件，我们正承受着严重的痛苦。但是当悲伤转为广泛而苛严的负性思维和情感的时候，悲伤会变成抑郁。这个负性思维的泥沼随之会产生紧张、疼痛、疲劳和混乱不安。而这些，反过来又会哺养更多的负性思维；抑郁症及与之而来的伤害变得越发糟糕。当我们放弃那些通常能够滋养我们的活动（如与可能给予我们真切支持的朋友和家人在一起）来应对这些空落感觉的话，我们只会令空落感更加强烈。如果我们只是一味地更加努力工作的话，会给我们的耗竭感雪上加霜。

专栏 1-2　重性抑郁

当个体体验到下列头两条症状中的至少一个，以及其他症状中的至少四个，症状持续至少两个星期，并且偏离正常功能时，可以诊断为重性抑郁。

◦ 在一天的大部分时间里感觉抑郁或者悲伤。

◦ 对几乎所有平素感兴趣的事物都失去了兴趣或者从中获得快乐的能力。

◦ 在没有节食的情况下显著的体重减轻，或体重增加，或几乎每日里都有食欲的增加或减少。

◦ 难以睡一整夜或者在白天对睡眠的需求增加。

◦ 整日明显迟缓或者烦躁不安。

◦ 几乎每日里都感觉到疲惫或者精力丧失。

◦ 感到没有价值或者极端或者有不恰当的内疚感。

◎ 难以集中注意力或有能力去思考，可能被别人当做犹豫不决。

◎ 反复出现有关死亡的想法或者自杀的意念（有或者没有实施自杀的具体计划）或者自杀未遂。

要看到情感、思维、躯体感觉和行为都是抑郁症的一部分并不困难。在本章节的前面部分我们描述了爱丽丝在一整夜的自责之后，感觉到浑身酸痛。而当戴维想到一天不知有什么在等待着他时，感到心里压着一只"铁球"。我们中的很多人都很明白，情绪低落可以让我们难以做任何事情或者作出任何选择。较难看到的是，这些结构中的任何一部分都可以触发一个下滑旋涡，接着，每一个成分会彼此哺喂和强化。这个过程使我们烦恼持续或易患抑郁症的心理状态变得越来越强。在这个时刻，对各个部分的细致审视可能有助于我们更好地看清整体。

情感

如果你回顾上一次你开始感觉烦恼的情形，并描述你的感受，可能会有很多不同的字眼跳进你的脑海中：悲伤、忧郁、消沉、悲惨、沮丧、低落、自怜。这些感觉的强度可以改变。例如，我们可以感受到"略带悲伤"到"非常悲伤"。情绪的来来去去是正常的，但是抑郁情绪本身很少会无故地自己出现。它们经常与焦虑和恐惧、愤怒和烦躁、无望和绝望成群出现。在抑郁症中，烦躁是特别常见的症状；当我们心情低落的时候，我们可能也会感到不耐烦，无法再忍受我们生活中的很多人。我们可能比起往常更容易勃然大怒。对有些人，特别是年轻人，在抑郁症中感到烦躁可能比感到悲伤更为明显。

通常，我们把用于定义抑郁症的感觉当做一个终结点。我们抑郁；我们感到悲伤、低沉、悲惨、沮丧和绝望。但它们也是一个起点：研究显示，我们经历抑郁越多次，悲伤情感就会带来越多低自尊和自我责备。我们不仅感到悲伤，也会觉得自己挫败、无用、不值得爱，是个失败者。这些情感会触发强有力的自我批判性的想法，我们会跟自己过不去，可能为我们所体验到的情绪而斥责自己，这是愚蠢的，为什么我就不能克服这一点，并继续前进？当然，这样的想法只会把我们拉到更深的泥沼中。

这样的自我批判的想法极端强大，极具潜在的危害性。如我们的情感一样，它们既可以是抑郁的终点也可以是抑郁的起点。

思维

花一小会儿时间，尽可能生动地想象下面的场景。慢慢地、尽量去留意有什么念头闪过你的脑海：

你正沿着一条熟悉的街道走着……你看到街的对面有一个熟人……你对那个人微笑、挥了挥手……那个人没有回应……径直走了过去，没有任何迹象表明他注意到了你的存在。

• 这让你感觉如何？

• 有些什么想法或者画面经过你的脑海？

你可能认为这样的问题有着很显然的答案。但如果你在朋友和家人身上试试这个场景，可能会得到一系列不同的反应。我们每个人的感受取决于我们认为那个人何以径直从我们身边走过。该情景是模棱两可的。可以有不同的方式来解释它，并可能因此引发一系列不同的情感反应。

我们的情感反应有赖于我们对自己讲的故事——对我们从感官接受到的数据，我们的头脑喋喋不休地作着解释。如果该场景发生的时候，我们心情很好，那么脑中的评论可能会告诉我们：这个人没有看见我们，可能因为他没戴眼镜或者正在想什么心事。我们可能只有很少或者索性没有什么情感反应。

如果那一天，我们觉得有点消沉，我们的故事，我们的自言自语，可能会告诉我们那个人故意不理睬我们，我们又失去了一个朋友。我们的脑海可能会转个不停，反复地想着我们究竟做了什么以至于惹恼了那个人。哪怕在开始时我们并没有感到非常抑郁，这种自言自语可以令我们感觉更加糟糕。如果这种自言自语说我们被忽视了，我们可能会感到愤怒。如果它说我们一定是在哪些地方惹恼了这个人，我们可能会感到内疚。如果它说我们可能失去了一个朋友，我们可能会感到孤独和忧伤。

对同一事实可能有着多种不同的解释。我们的世界就像是任我们每个人都可以写各自评论的默片。对刚发生的事情的不同的解释都可以影响到接下来会发生什么。如果解释是善意的话，我们可能很快就会把事件忘记。而如果解释是负面的话，我们则可能如爱丽丝在见过她的上司之后那样，一头栽进自责中：我做了什么？我哪里不对劲？负性思维常常乔装打扮，伪装成可能有答案的问题。五分钟或十分钟之后，这些问题依旧对着我们喋喋不休，且没有任何答案出现。

很多情境都是模棱两可的，但解释它们的方法可以令我们有极为不同的反应。这是情感的 A-B-C 模式。A 代表着情境的事实——是一台录像机可能看到和记录到的。B 是我们对情境作出的解释：这是往往在意识表层下面的"喋喋不休的故事"。它常被当做事实。C 是我们的反应：我们的情感、躯体感觉和行为。我们常能看到情境（A）和反应（C），但对解释（B）并无察觉。我们认为情境本身导致了情感和躯体的反应，而事实上，是我们对情境的解释导致了这些反应。

在见过她的上司之后，爱丽丝说道："我知道我的工作不够好。"爱丽丝的上司召见了她，是因为他看到爱丽丝把自己弄得筋疲力尽，希望能够在项目上给她一些帮助，减轻一点她的负担。上司丝毫没有觉得爱丽丝是失败的。

"温蒂和孩子们对我的自怜已经厌恶至极，"吉姆如此报告，"他们不能再忍受我太久了。"而事实上，吉姆的家人担忧至极，他们想方设法让他高兴起来，或者再为他重新点燃生命的火花。吉姆太自惭形秽了，以至于没有注意到这些。

令事情更复杂的是，我们的反应接着会有着它们自己的影响力。当我们感觉低落的时候，我们可能会选择并铺陈那些最为消极的解释。我们一旦看到有人在街上径直走过，低落情绪会令头脑作出她"故意忽视我"这样的解释——
这只会令我们感觉更加低落。接着，每况愈下的情绪会带来诸如为什么这个人
"看不起我"这样的问题，而这只会招致更多的证据来支持我们的不招人喜欢：
上个星期与某某某就是这样的；我觉得没有任何人喜欢我；我就是不能建立持
久的关系；我哪里出了错？思维流开始定在无价值、隔离和不足这个主题上。

　　如果你熟悉这种思维流的话，要知道并非只有你一个人有这种类型的负
性思维，了解到这点可能对你有帮助。在 1980 年，菲利普·肯德尔（Philip
Kendall）和斯蒂芬·豪龙（Steven Hollon）决定把抑郁病人所表达的想法列一
清单，如专栏 1-3 所示。无用感和自我责备的主题充满了整个清单。如果我们
此刻感觉尚可，那么我们可能会清晰地看到这些想法是扭曲的。但是，当我们
抑郁的时候，它们可能会看上去像绝对的真理。抑郁症仿佛是我们向自己挑起
的一场战争，我们尽量征集每一分的负性宣传作为弹药。但谁会是这场战争的
赢家呢？

专栏 1-3　当前抑郁的病人的自动想法

- 我感觉我好像在抵抗整个世界。
- 我一无是处。
- 为什么我总不能成功？
- 没人理解我。
- 我令人失望。
- 我认为我无法坚持下去了。
- 我希望自己是个更好的人，可惜我无法做到。
- 我是如此软弱。
- 我的生活不是我想要的。
- 我对自己很失望。

◦ 任何事物都再也不会让我感觉好起来。

◦ 我再也无法承受了。

◦ 我无法开始。

◦ 我哪里不对劲?

◦ 我真希望我在别处，可惜我无法做到。

◦ 我不能把事情整理好。

◦ 我讨厌我自己。

◦ 我毫无价值。

◦ 我真希望我能就这样消失，可惜我无法做到。

◦ 我到底是怎么回事?

◦ 我是一个失意者。

◦ 我的生活一团糟。

◦ 我是一个失败者。

◦ 我永远做不成。

◦ 我感到如此无助。

◦ 有一些事情必须要改变。

◦ 我肯定有一些毛病。

◦ 我的未来很黯淡。

◦ 反正就是不值得。

◦ 我完不成任何事。

("自动思想问卷"获 Hollon & Kendall 复制许可。版权 1980，Philip C. Kendall and Steven D. Hollon.)

我们通常把这些有关自己的、有害的、歪曲的想法当做无懈可击的真相，这样做只会加固忧伤情感和自我批判的思维流之间的联结。了知这一点对理解

13

抑郁症为何会在某些情况下掌控一些人而不会掌控另一些人，在某些情况下发生而不会在另一些情况下发生至关重要。当这样的思维在一种情况下曾经影响过我们，它们在别的情况下也会更容易被激发。当它们被激发的时候，它们会令我们的情绪越发低落，当我们需要动用一切资源来应对发生在我们身上的事情时，它们会耗干我们所剩无几的精力。设想，当你竭力想应对一个困难的经历时，如果整天都有人站在你身后，说你多么无用，这会对你有什么样的影响？现在再设想，如果批评和苛严的评判来自你自己的脑海，这会有多糟。难怪这看上去是如此真实——毕竟，有谁比我们自己更了解自己呢？这些思维可以困住我们，把一些细微的忧伤变成错综复杂、纠缠不去的思维丝网。

一旦情绪低落来临，负性思维可以触发或助养抑郁症。当我们想到"从来没有事情对我来说是对路"的时候，我们可能会陷入忧闷的心境中去。那种心境随之可能会触发诸如"为什么我是一个失败者"之类的自我批判。当我们试图去解开我们不快乐状态的原因时，我的心情更加低落。当我们去探究"我为何这般无价值"这样的问题时，我们就形成了其他一整套的负性思维图式。这些图式在将来很容易在某一瞬间里就被启动。

烦恼本身并非问题——它是人生与生俱来的、不可避免的一部分。令我们纠结的是那些被烦恼心境所引发的苛刻的、负面的自我观点。正是这些观点把短暂的忧伤转变成持久的烦恼和抑郁症。一旦这些对我们自己的苛刻的、负面的观点被激活，它们不仅可以影响我们的思维，也可以给我们的身体带来深重的影响——然后，身体反过来又会对思维和情绪产生重大的影响。

抑郁症和身体

如上所述的重性抑郁障碍症状显示，抑郁症影响着我们的身体。它很快会带来饮食、睡眠和精力水平的失调。我们可能不思饮食，最终导致严重的、不健康的体重下降；或者我们可能过度进食，体重增加过多。我们的睡眠周期可以被打乱：要么我们在大多数时间里觉得能量很低，于是睡得太多；要么觉得难以得到足够的睡眠。我们可能发现自己会在半夜或者凌晨醒来，无法再入睡。就如在爱丽丝这个例子中，我们翻来覆去地想着生活中发生的事件以及我们的处理不当。

在抑郁症中，我们所感到的身体上的改变可以令我们对自身的感觉和想法有着重大的影响。如果身体上的变化最终激活一些老的图式（如我们是如此的无能、没有价值等），那么身体上微小、暂时的变化都有可能加深我们的低落心境，并令其更为持久。

80% 的抑郁症患者会因为身体上无法加以解释的酸痛和疼痛而去看他们的医生。很多与抑郁症的疲倦和乏力有关。一般情况下，当我们遇到负面的东西，身体会趋于紧张。我们的进化史留给我们一个会在感知到环境的威胁时，做出行动准备的身体。譬如看见老虎的时候，我们需要回避或者逃跑。我们的心律加剧，血液远离皮肤表面和消化道，转移到大的肌肉群和四肢，大肌肉和四肢可以紧张起来以备战斗或者逃跑或者僵住。然而，如我们将会在第 2 章和第 6 章中详细了解到的那样，大脑最古老的那个部分并不能区分"老虎"这样的"外在威胁"以及诸如对未来的忧虑或者对过去的记忆等的"内在威胁"。当一个负性的想法或者图像在头脑里涌现的时候，身体的某处会有一种收缩、紧张、强撑的感觉。它可能是皱一下眉、胃中搅动一下、皮肤的苍白或者后腰部的紧张感——这些都是僵住、战斗或者逃跑准备的一部分。

一旦身体对负性思维和图像做出如此反应，它就会把这个信息反馈给大脑，那就是：我们正受到威胁或者感到不快。研究显示，我们身体的状态可以在我们无觉察的情况下，影响到我们的心。在一项研究中，心理学家让大家看卡通并对它们有多有趣加以评分。一些人需要咬着一支铅笔这样做，这样在无意间动用了他们的笑肌。别的人则需要嘟起嘴唇夹一支笔，这样妨碍了他们去笑。那些在观看卡通时动用了笑肌的人觉得卡通更有趣。另一项研究让大家在看卡通时动用皱眉肌。无意中皱眉头的人觉得卡通有趣的少得多。在第三个研究中，让大家在聆听信息的时候摇头或者点头影响到了他们对信息的判断。在所有这些情况中，参与研究的人们并没有觉察到身体带来的影响。

这些实验告诉了我们什么？当我们不开心的时候，身体对心境的影响会在我们毫无觉察的情况下，令我们对周遭事情的评估和解释出现偏倚。

在一天的劳累工作之后，山姆正开车回家。他迫切地想把劳顿抛在脑后，期待着晚餐和之后电视上的篮球比赛。他丝毫不知道他正紧张地握着方向盘，骨节都泛白了，亦没有觉察到整个右臂到肩膀的肌肉都是紧张的。但当有一辆车突然从旁边的一条街窜到他面前，令他不得不去踩刹车，他靠在喇叭上，喊道："白痴！你怎么对人一点都不尊重？"他很吃惊地感觉到他的脸发烫，并突然在脑海里嘟哝起那个麻烦的客户来——那个家伙如何对人毫不尊重；如何没有人对他表示过尊重；他把工作和其他一切都搞得一团糟，他受够了。当回到家时，他没有了食欲，给自己倒了杯烈酒，观看篮球比赛，到球赛结束，一直都拒绝与他的妻子或者孩子们说话。

不仅仅是负性思维模式可以影响情绪和身体。这个反馈也可向相反方向循环，即从身体到心理，使烦恼和不满足持续反复和恶化，具有严重的影响。

身体与心理之间的紧密关联意味着我们的身体发挥着高度敏感的情感探测仪的功能。它们对我们的情绪状态做出每一瞬间里的解读。当然，我们大多数人并不对此加以注意。我们忙于思考。我们很多人在成长的过程中，为了努力达到某些目标，而忽略了我们的身体。一般来说，我们未被教导去关注自己的身体，并借此学习和成长，去提高社会交往的有效性，甚至获得疗愈。事实上，如果我们受抑郁症之累，我们可能对身体所给出的任何信号都感到强烈的厌恶。那些信号可能是身体中恒常的紧张感、疲惫和混乱。我们宁愿置之不理，希望这种内在的动荡会自行消退。

自然地，不想去应对酸痛、痛苦和皱眉意味着更多的回避，因此，也意味着身心中的更多不自觉的紧缩。渐渐地，我们会迟缓下来，并且越来越不能正常运作。抑郁症开始影响我们生活的第四个方面：我们的行为。

抑郁症和行为

在孩提或年轻时，可能有好心的人曾在我们感到特别灰心或者悲伤的时候，建议我们"要坚强"或者"去克服它"。或许，在这过程中，我们获得了这个信息：展示情绪是羞耻的或者软弱的。我们自然地假设，如果别人知道我们抑郁，他们会把我们看扁。

抑郁症所伴随的想法，其核心主题是"不足"和"无价值"，它们可以被无限地转接到任何处境中。不知不觉中，我们带着极大的确定，认定我们体验到的几乎所有的压力或困难都是我们的过错，我们有责任自己来解决。而当努力尝试并不能解决问题的时候，同样也是我们的过错。其结果是最终的精疲力竭。

无论何时，当爱丽丝的心境开始低落，并觉得精力要被耗干的时候，她会有意识地采取策略，放弃她的"不重要"和"非必须"的休闲活动，尽管见朋友或外出玩乐这些活动实际上可以给她带来快乐。而在她的理解中，这个策略是有道理的，因为这意味着她把越来越少的精力（她认为精力是严格有限、固定的资源）集中在那些更"重要"和"必须"的承诺和责任上。这可以理解，不过她的必要的承诺包括做个完美的家庭主妇、母亲、雇员，当然还有要满足家庭、朋友、同事和上司的所有要求和期望，无论这些要求是否合理或现实。当放弃那些可能会提升和补给而不是耗竭她的能量储备的"非必须和不重要"的休闲活动时，爱丽丝剥夺了一个避免自己跌入抑郁症的最简单和最有效的策略。

斯德哥尔摩卡洛林斯卡学院的玛丽·埃斯伯格（Marie Åsberg）教授把这种"放弃"描述成滑落一个耗竭的漏斗（见图 1-1）。我们的生活圈变得越来越狭小的时候，就会形成这个漏斗。漏斗越是狭窄，个体越发可能体验到耗竭或疲惫。

图 1-1 耗竭漏斗

注：这个圈的狭窄部分显示出当我们放弃生活中令我们享受的，但貌似"可有可无"的事情的时候，生活变得狭窄。结果是我们停止去做那些可能滋养我们的活动，只留下工作或者其他消耗我们资源的压力。玛丽·埃斯伯格教授提出，我们中那些会继续往下滑的人有可能是那些最有良知的员工，那些仰赖工作业绩取得自信的人，即那些常被看来是最好的员工，而不是懒散的人。图 1-1 也显示出吉姆所体验到的累积"症状"的次序，当漏斗变窄的时候，他感到越发地枯竭了。

吉姆同样注意到他不再如往常那样期待看到朋友，也意识到他不能如往常享受那些他曾经觉得享受的事情。每次想到外出，他就会涌起一个想法："有什么意义？没什么可以让我感觉不同，所以我还是省些劲儿，待在家里休息——那会让我觉得好一些。"不幸的是，当吉姆躺在沙发上休息的时候，他的头脑就会滑入那些陈腐的自我批判的轨道中。这一切加在一起，为他的抑郁症的持续和恶化创造了完美的环境。吉姆的"休息"最终令他感觉更加糟糕。

抑郁症令我们有跟平常不一样的行为，而我们的行为也可以反过来助长抑郁症。抑郁症切实影响我们选择做什么、不做什么以及如何行动。如果我们确信我们是"不好的"或是"没有价值的"，那我们还有多大可能去追求生活中自己看重的事物呢？当我们在抑郁状态中作出选择，这些决定更有可能令我们陷在烦恼中不可自拔。

如果我们曾经抑郁，随着时间过去，越发容易触发低落心境，因为每一次当抑郁症重新光顾我们的时候，与之相随的想法、情感、身体感觉和行为之间会形成越发强大的联结。最终，任何一个因素本身都可以激发抑郁症。闪过一个有关失败的、稍纵即逝的念头就可以触发巨大的疲乏感。家人的一句轻描淡写的评论都可以激发起诸如内疚和悔恨的情感的雪崩，助长那份不足感。因为这些下滑的螺旋是如此容易地被小事件或者心境的转换所激发，会让人感觉好像不知道它们来自何处。而一旦抑郁症扎下根来，我们可能会觉得无力去防止它变得每况愈下或者让它好转起来。我们所有想要控制想法或摆脱情绪的努力都无济于事。

我们可以做些什么来防止原本正常的、可以理解的不快情绪持续或者螺旋下滑，陷入抑郁症中去呢？我们的首要挑战是去理解：我们为何会对改变感觉觉得如此无力；为何尽管我们勇于施加控制，我们继续变得越来越不能自拔。如我们在前言中所提到的，我们会发现这有着很好的原因。它并非因为我们不够努力或是实际上我们出了什么问题。相反，恰恰是努力把我们带进了错误的方向！

远离抑郁症是可能的，但是那份自由需要我们对问题的症结有着截然不同的角度和理解——那个角度会成为一幅地图，引领我们进入自身存在和体验的崭新的领地。在那里，我们可以吸取和驾驭内在心灵资源，而我们大多数人不曾想到过我们拥有着这样的资源。

第2章

觉知的疗愈力量：

转化变动，趋向自由

　　反复地陷入抑郁，并非我们的过错。我们开始感觉糟糕，一下子就被拉入了下滑螺旋中，无论多费劲挣扎都没法摆脱出来。事实上，我们越是挣扎，就会陷得越深。一开始，我们总是先责怪自己为什么会感觉糟糕——尤其是我们想得越多，感觉越糟。事实上，一种特定的精神模式或心理模式在起着作用。不愉快的情绪激发这种模式，而激发的过程是如此自动化，以致我们难以觉察或认识到实际上正在发生的一切。

　　要看清这些心理机制究竟是什么，我们需要探索情绪以及我们对它的反应。这种探索正可以解释挣扎本身何以令我们陷入困境，以及责怪自己是如何地不公平。更为重要的是，它会开启另一扇处理情绪的大门——让我们得以从根本上作出转变，创造出一种新的心理模式。在那个转变中，蕴含着转化我们与抑郁的关系的可能性，也蕴含着把我们从抑郁的掌控中释放出来的可能性，这需要我们在一些关键的时刻里去反复地练习。

⊡ 情绪的作用

从某种层面上来说，我们的情绪是至关紧要的信使。在进化过程中，情绪成为信号，帮助我们满足自我保存和安全的基本需求，使个体和种族得以延续。人类的情绪范畴非常精妙，它的内在和外在的表达以及信息常常是生动传神和复杂的。即便如此，实际上情绪不外乎几个基本群组。最突出的是快乐、悲伤、恐惧、厌恶和愤怒。每一种情绪是对特定情境的整体反应：当危险威胁到我们时，会触发恐惧；当我们失落珍贵的东西时，会忧伤和哀悼；当我们面对极度不愉悦的东西时会产生厌恶；当重要的目标受阻时，我们会愤怒；当需求被满足时，我们会感到快乐。我们自然而然地对这些信号加以关注。它们告诉我们该去做什么以求生存，乃至活得更好。

在大多数情况下，进化所形成的情绪反应是短暂的。它们须得如此。这个信使需要对下一个警报保持警惕。我们初始的情绪反应只需在警报还持续的时候持续——通常只有几秒钟而非几分钟。如果持续得更长久，会让我们无法对环境中进一步的变化保持敏感。我们可以从非洲大草原上羚羊的行为中清楚地看到这点。恐惧令它们惊慌地奔跑以躲避追逐着羊群的捕食者。但一旦其中一只羚羊被捕获，余下的羊群很快就接着继续吃草，好像什么事情都没有发生过一般。处境改变了，危险过去了，羊群也需要吃草以便生存。

当然，有些情况会持续下去，所以我们对它们的情绪反应也会持续。对失去某个亲爱之人的忧伤反应可能会持续很长一段时间。在丧失之后的数周和数月之后，哀伤依旧可能会出乎意料地袭上来，压倒我们。然而，哪怕是这种情况，心灵也会有自我疗愈的方法。哪怕是哀伤，大多数人也会发现，一点一点地，生活最终会恢复正常，他们开始发现有可能去再次微笑和朗声大笑。

那么，为什么当触发抑郁和烦恼的处境过去了之后，抑郁和烦恼会仍然持续呢？或者，为什么有些时候，一种不适和不满的感觉会无休止地持续下去呢？简单的答案是：恰恰是我们对自身情绪的反应令这些情绪得以持续。

我们对情绪的情绪性反应

卡萝常在就寝之前，感到"有些悲伤"。这自然令她着恼，特别是在有些时候，她无法把自己的情绪归结于任何之前的事情。"譬如，上个星期五"，她解释到，"安吉到我这里来，晚上我们一起看电视。一切都好好的。她走了之后，我开始打扫公寓，接着我意识到有一种忧伤感悄然地袭了上来。我开始想到过去朋友们令我失望的日子。每当这些发生的时候，我的头脑里总是闪现着同样的话语：我为什么会又一次感觉如此悲伤，又把过去挖出来呢？我究竟是整晚都是悲伤的，但因为安吉在这里所以分散了我的注意力呢，还是就寝时分的寂静影响到了我？"

卡萝常在床上阅读或者看电视，试图把注意力从情绪上分散开来……但是她发觉大多数时候这样做是徒劳。她很快就会因自己的想法而分心。

"我试图找出我会如此感觉的原因：今天究竟发生了什么使我会感觉这样呢？通常我能够想起一些不对劲的事，譬如简出去买午饭的时候没有告诉我一声，我就怀疑我们是否还是朋友。但总感到这不能真正解释我此刻的感觉。我就开始怀疑我是否哪儿不对劲，当别人看上去很快乐的时候，我却感觉如此糟糕。很快我就倒腾出了很多消极的东西，我开始想到，可能我会永远这样感觉。如果这些情绪持续下去的话，我的人生会是怎么样的？我如何与人相处或者工作呢？我会感觉到真正的快乐吗？当然，那只会令我更加低落。结果我感觉自己糟透了：一切都很费劲——交友、工作，一切的一切。

"有时，我真切地看到自己在做什么：我在把自己弄得更加悲伤。窗外的声响可能会令我分心，蓦然地，这给我足够的空隙去看到自己突然感觉如此糟糕，并为之震惊。这个星期里有一次，当我躺在床上感觉糟透了，变换睡姿的时候，在翻身的一刹那，我想起就在几分钟之前躺进被窝里去时的感觉——那份深深的、奢侈的舒适感和温暖感，那份由清凉的床单和柔软的枕头助我休息的感觉。我意识到，在那一瞬间，一切似乎都与世界那般相宜，可是这份感觉是如何离我而去的呢？我接着对自己说，如其他时候一般：所有这些思考对我毫无益处。但接着我又对自己说，那为什么我总是这样对待自己呢？于是我又开始了有关'我哪里不对劲'的、又一轮的思考。"

卡萝能够看到其实她对忧伤的反应令她更加悲伤。她竭力地去理解她头脑里正在发生着什么，想让自己感觉好一些，实际上令她感觉更加糟糕。

我们对烦恼的反应可能会把原本短暂的、瞬间即过的忧伤转化成持久的不满足和烦恼。

持久和反复抑郁的首要问题并非"感觉忧伤"。忧伤是一种自然的心理状态，是人类与生俱来的一部分。臆想可以或者应该摒弃忧伤是既不现实也不可取的。问题在于一旦忧伤来了，接下来会发生什么。问题并不在忧伤本身，而在于我们对忧伤的心理反应。

"把我解救出去！"

现实是，当情绪告诉我们有些事情不对劲的时候，这份感觉明显令人不舒服。它本该如此。这些信号就是精心设计来促使我们去行动的——要我们去做些什么来纠正现状。如果信号并不令人不适，就不会令人有冲动去做出行动。那么，我们在看到急驶而来的卡车时，还会去跳离车道？当我们看到孩子被欺负时，我们还会去干涉？或者遇到令我们厌恶的东西时不掉转身走开吗？只有当大脑记录表明此种处境已经解决了的时候，这些信号才会自行关闭。

当情感信号告诉我们需要解决的问题是一头横冲直撞的牛或是咆哮着的漏斗云——做出可以令我们避开它或者逃脱的反应是可以理解的。大脑会动用几乎全自动的整套反应模式，帮助我们去对付任何威胁到我们生存的东西，帮助我们去除或避免威胁。我们把这初始反应模式——我们对某样东西有负面的感觉，并想回避或者消除它——称为厌恶。厌恶强使我们采取适当的行动来应对处境，从而关闭警告信号。从这一角度来说，它可以很好地为我们服务，甚至可以挽救我们的生命；有时候确实有这样的功用。

但是不难看到，若对内在的经历——自己的思维、情绪和对自我的感觉，产生同样的反应可能就会适得其反，甚至危害到我们的健康。没有人能够跑得比我们自身内在的体验更快，而得以逃脱。我们也不能与不愉快的、沉重的和有威胁的想法和情绪抗争而试图消灭它们。

当我们对自己的负性想法和情绪有厌恶反应，大脑的"回避系统"（涉及躯体回避、顺从或者防御性攻击的大脑回路）就被激活。一旦该机制被开启，身体就会紧张起来，仿佛它在准备着逃跑或者支撑着自己去招架。我们也可以体会到厌恶反应对心智的影响。如果我们的头脑纠缠于如何摆脱忧伤或是跟情绪分割，我们整个的体验就是收缩起来的。头脑被迫专注去思量如何摆脱情绪，但这是个身不由己而徒劳无功的任务，实际上却使头脑渐渐封闭起来。我们对生命本身的体验也会随之缩窄。不知怎么的，我们会觉得局促，如同被关进了盒子里。可供我们的选择似乎萎缩了。我们越发与我们所渴望联结的、更广阔的、可能性的空间切断了。

在我们一生中，可能会逐渐变得不喜欢甚至憎恨自己的或者他人的情绪：诸如恐惧、悲伤、愤怒等。譬如，如果曾经被教诲"不要太情绪化"，我们就可能获得了这样的信息，那就是情绪表达似乎是不体面的，并假设去感受到情绪也是不好的。或者可能我们清晰地记得令我们持久难耐的一段情绪经验，如丧亲之痛，而现在当稍微有一点相似的情绪涌起的时候，我们就会惧怕。

当我们对自己的负性情绪消极地产生出厌恶反应，把它们当作要克服、消灭、打败的敌人时，我们就正自寻烦恼。因而，理解厌恶对理解我们是如何陷于持久的烦恼中至关重要。

▢ 心境和记忆

你曾否造访过时隔多年，譬如自儿提时，就没再去过的地方？在造访之前，你对那段时间里曾发生的事情的记忆可能只有一个模糊的轮廓。但当你一旦到了那里，沿着街行走，嗅闻着气息以及听到的声音就可能会将一切重又带回——不仅仅是记忆，还有情感：兴奋、忧愁和初恋的感觉等。重返故地——这个老的背景——使我们想起就算花最大的努力去牢记也未必想起的一些事情。

背景对我们的记忆有着不可思议的强大力量。记忆研究者邓肯·高登（Duncan Godden）和艾伦·巴德利（Alan Baddeley）发现：如深海潜水员在海滩上试图记住东西，到水下时，就容易忘记这些东西。只有当他们重返陆地时，才能全部想起来。反过来也如此。如果他们在水下学了一些单词，在陆地上时，他们对单词的记忆不那么好，当他们回到水中去之后，记忆又会回来。海洋和沙滩成为记忆的有力背景，就如同造访过的童年小镇或者曾经经常出没的老校区。

心境所激发的记忆

在过去几年里，心理学家对情绪何以对大脑能有着如此广泛的影响有了一些重大的发现。情绪可以起到内在背景的作用；就如海洋之于潜水员，情绪把我们过往处于那种情绪中时的记忆和思维模式带回来，就如同我们又一次潜入那方特定的水域一般。当我们重回那个心境中，不由自主、按捺不住冲动的想法和记忆就会自动地回来。当那份心境重来的时候，与之相关的想法和记忆——包括创造了那种情绪的思维模式，也会再次重来。

由于我们每个人的生活都不同，曾经激起烦恼的经验也因人而异。因此，在此刻被情绪所激发起来的记忆和思维模式也各自不同。如果在过去令我们忧伤的主要事情是丧失，譬如挚爱的祖辈逝世，虽然意料之中仍不免伤心，当下瞬间感到忧伤，浮现在脑海里的就会是这些记忆。我们可能会再度忧伤，但承认丧亲，然后把注意力转移到别的事情上，对我们并没有什么困难而哀伤的余音会慢慢消失。

但是，如果过往的烦恼心境或者抑郁的处境令我们觉得自己不够好、没有价值或者是欺世盗名，那该怎么办？如果在童年或青少年时期，在我们还不具有现在的生活技能时，我们体验到被抛弃、虐待、孤单或觉得自己一点都不好，我们该怎么办？令人难过的是，我们现在了解到很多抑郁的成年人都曾有过这样的经历。如果对我们来说这些经历组成了童年的大部分，令我们在那个时候抑郁的思维模式以及认为自己某些方面不够好的感觉，极有可能会被现在哪怕转瞬即逝的抑郁感觉所激活。

这是我们何以对烦恼会有如此负面反应的原因：我们的体验绝不仅仅是忧伤，它受到被唤起的缺陷或不足感的强烈影响。这些被激发出来的思维模式带来的最大的伤害是我们通常意识不到它们毕竟只是记忆而已。我们在此刻感觉到不够好，并没有意识到是来自于过去的思维模式激起了这份情绪。

卡萝 14 岁时，她随着父母搬到外州，换了学校。她想念老朋友们，虽然他们答应会保持联系，但并没有真地这样做。她觉得在新学校结交新朋友非常困难，而且她刻意地独来独往，不参加别人的活动，很快他们就把她完全忽视了。她觉得寂寞、孤独、被与外界切断及不被需要。

卡萝迫不及待地从高中毕了业，在大学里重新变得自如起来。但她每每为不可预见的情绪变化所困，使她疲累乏力，把她拖曳到孤立的角落里，有时这会持续几个星期。她的心情可能会在任何时候开始下滑。近来，任何轻微的伤感都可以重新激发起她过去曾经感觉过的一系列的不足感，令她觉得寂寞、没有朋友。当这些发生的时候，她发现自己无法把注意力带回到她手上做着的事情上——似乎她全然被情感所掌控了。

卡萝的经历清晰地显示了这种折磨着很多人的循环。一旦负性的记忆、想法和情绪被烦恼心境所激活，并且强行闯入我们的意识中，它们会产生两种主要的效果。其一，如卡萝所发现的那样，它们自然会增加我们的烦恼，令心境更加抑郁。其二，它们会带来那些似乎紧急的、需要优先处理的事情，要求我们的头脑绝对集中注意于我们的不足以及我们该如何处理它们。正是这些必需优先处理的问题占据了我们的头脑，令它难以把注意力转移到别的任何事情上去。因而，我们发现自己不由自主、按不住冲动地一次又一次地寻根究底：作为人，我们究竟哪里不对劲或者我们的生活方式哪里不对劲，我们又该如何修正它。

当我们陷在这种方式中时，怎么可能去考虑如何把注意力从这些急切的、可以理解的忧虑中转移，而集中到其他的事情或者方法上呢？哪怕这样做有可能会令心境轻松一些。把事情理清并迫切地找到一个答案似乎永远是最紧要的事情——找出我们究竟哪里不够好，理清我们该做什么以减少持久的烦恼可能给生活带来的破坏。但事实上，这样聚焦于这些问题上恰恰是用了错误的工具去解决问题。它只会点燃更多的烦恼，并让我们牢牢困在那些令我们烦恼的想法和记忆中。这就好像一个恐怖故事在我们眼前上演——我们不愿意去看，但与此同时，我们无法掉转头去。

关键时刻

我们无法改变这个事实，那就是：过往的记忆和自责、批判的思维方式会在我们不快乐的时候被激活。虽然一切都会很自动地发生，我们还是有机会去改变接下来可能发生的事情。

如果卡萝看到心境的微妙变化是如何重新激活过去的记忆，把生活中曾经感到孤独、被误解、被贬低的时光重新带回来，她有可能会让它过去，并照样过她的日子，甚至有可能她会善意地对待自己。

我们可以学习用另一种方法与烦恼相处。首先，要更加清晰地看到我们是如何令自己陷入烦恼之中的。我们特别需要看清楚激活了的思维模式可以导致诸多痛苦。

⊡ 行动模式：当批判性思维自愿担当不胜任工作时

当被抑郁心境所唤醒的想法告诉我们自己就是问题所在时，我们就会想马上把这些感觉消除掉。但是更大的问题被激发并搅和起来了：我们不仅仅是今天不顺利，而且我们整个人生都不顺利。我们觉得仿佛身陷囹圄，一定要设法逃脱。

问题出在我们试图经由思考去找出究竟什么不对劲，以为这样可以走出情绪的囹圄。我哪里不对劲？为什么我总是觉得不堪重负？在我们尚不明所以的时候，我们就这样不由自主、按不住冲动地一再试图找出我们作为人本身或者我们的生活方式究竟在哪里出了错，并且想去修正它。我们把所有的精力都花在解决这个问题上，而我们所仰赖的力量是批判性思考的技能。

不幸的是，这些批判性思考的技能对这项任务来说可能恰恰在这里被用错了地方。

我们理应对经由批判分析性思考所能做的一切感到骄傲。这是人类进化史上最高的成就，并且它引领着我们走出生活的种种困难处境。因而当我们看到我们内在的情感生活不顺利的时候，心智会快速地做出反应，应用曾经有效地解决外在世界问题的思维模式，这实在并不令人惊讶。这种模式包括细致分析、解决问题、评判和比较，目的是缩短事物所处状态和我们所认为的理想状态之间的差距——也就是去解决我们所认为的问题。因此，我们称之为思维的行动模式。在这种模式中，我们对所听到的一切，都会当作在召唤我们去行动。

行动模式之所以被启动，是因为它帮助我们达到日常处境中的目标以及解决与工作有关的技术问题时，非常管用。想一想每天开车穿过小镇这个行为吧。要完成一次旅程，心智的行动模式通过构想出我们现在在哪里（家里）和我们要去哪里（体育馆）让我们能够达到目标。接着它自动地聚焦于这两个概念之间的差异，并产生旨在缩小差距的行动上来（上车驾驶）。它持续监控着差距是越来越大还是越来越小，检查这些行为是否有缩短这两个概念之间的"剩余距离"这个想要的效果。如果需要，它会对行为做出调整，以确保差距在缩短，而不是在增加。接着它反复重复着这个过程。最终，差距消失了，我们到达了目的地，目标达成，行动模式已经准备好去迎接下一个任务了。

这种策略为我们提供了一个达到目标、解决问题的普遍性的做法：如果我们希望某些事情会发生，我们要聚焦于缩短"我们在哪里"及"我们想去哪里"这两个想法之间的差距。如果我们不希望有些事情发生，我们则聚焦于增加"我们在哪里"及"我们想回避什么"这两个想法之间的差距。这种思维的行动模式不仅让我们得以管理日常生活中的琐细，也有助于人类改变外在世界，达到骄人的成就——从金字塔的建造、现代摩天大楼工程到把人送上月球，这些骄人成就的根本原因。所有这些成就都需要某种精妙的解决问题的方法。那么，当我们要去转变我们的内心世界——去改变我们自己以达到幸福或去消除烦恼的时候，很自然地，我们会应用相同的心理策略。可惜的是，从此事情就开始弄得非常糟糕。

为什么我们不能用解决问题的方法去处理情绪

设想，在一个阳光灿烂的日子里，你沿着河边的路散着步。你觉得有些低落，有点不开心。开始，你并未真正留意到自己的心情，但接着你意识到自己不是很快乐。你也觉察阳光闪耀。你想到，这是多么可爱的一天，我应该感到快乐。

细细感受那个想法：我应该感到快乐。

你此刻感觉如何？如果你感觉更糟糕，你并非唯一一个感觉如此的人。几乎每个人都有着相同的反应。为什么？因为，对情绪来说，聚焦于差距——比较我们现在的感觉以及想要的感觉（或者认为我们应该有的感觉如何）这个行为本身会令我们感到烦恼，令我们与想要的感觉离得更远。实际上，这般聚焦于差距的模式正反映了心智习惯性的策略，当事与愿违时，总想把事情弄出个究竟。

通常，如果我们的情绪不是那么强烈的话，当我们比较现在的感觉和想要的感觉时，可能并没有注意到因此带来的情绪轻微的低落。然而，当心智处在行动模式——试图去解决诸如"我究竟什么不对劲"和"我为什么这般软弱"等问题的时候——我们可以被困于这些原本用来自救的思考中。它自然会带出（并保留在意识中）那些正在处理的相关问题——譬如，"我此刻是什么样的人"的想法（忧伤而孤独的），"我想成为的那种人"的想法（平和而快乐），一个"如果忧伤持续、陷入抑郁中我害怕我会成为什么样的人"的想法（可怜而弱小）。接着行动模式会聚焦于这些想法之间的差异上，聚焦于我们在哪些方面不是我们想要成为的人上。

当行动模式开始努力去帮忙的时候，它会聚焦于我们"想要成为的人"的想法和我们"看到的自己是怎么样的人"的想法上，让我们比开始时感觉更加糟糕。它会穿越心理时间以"帮助"唤起过去我们曾经有如此感觉的时分，借此努力去理解我们究竟哪里出了错，并想象未来萎靡不乐，以此提醒我们这是需要竭力回避的。这个过程中所带来的过往失败的记忆和未来可怕的图景，为原本就在螺旋下滑的心境雪上加霜。我们过去经历的低落心境越多，现在的心境所激发的画面和自责就越是消极，心智越会被这些旧有模式所主宰。但它们此刻对我们来说似乎是真实的。这些无价值或孤单的情绪模式让我们感觉熟悉，但是，我们并没有由熟悉的感觉看出心智正随入旧的心理轨迹，我们把熟悉感理解成它一定是真实的。因此，尽管家人和朋友催促我们要振作，我们总是不能振作起来。我们无法将之放下，因为心智的行动模式坚持：我们的首要任务是要识别并解决这个"问题"，把自己修整好。因此，我们用更多的问题来拷问自己："为什么我总是以这种方式反应""我为什么不能更好地处理事情呢""为什么我会有别人没有的问题""我做了什么以摊上这一切"。

你可能会把这种自我聚焦的、自责的心智模式当做反思。心理学家常称之为过度沉思。当我们过度沉思的时候，会徒劳地纠结于"我们不快乐"这个事实，以及不快乐的原因、意义和后果。研究显示，如果过去我们以这些方式来应对忧伤或抑郁心境的话，当心境开始低落的时候，我们可能会发现这些相同的策略来自愿"帮助"。它会有同样的效果；我们会陷入原本想要逃脱的情绪中。结果，烦恼反复发作的风险也越发地高了。

那我们为什么要过度沉思呢？为什么要像卡萝一样，继续沉湎于关于烦恼的想法中，尽管这样做似乎只会令事情变得更加糟糕？当研究人员问那些过度沉思的人为什么要这样做时，得到的答案很简单：他们这样做，是因为相信这会帮助他们克服烦恼和抑郁。他们相信不这样做会让状况变得越来越糟糕。

当我们在感觉低落时会过度沉思，是因为我们相信它会揭示一个解决问题的方法。但研究显示恰恰相反：过度沉思会令我们解决问题的能力大大地降低。所有的证据似乎都指向同一个明显的事实：过度沉思并不能解决问题，而恰恰是问题的一部分。

想象一次驾车旅行，每次当我们查看离目的地有多近的时候，我们发现车即刻就离目的地越发远了。这和我们唤起心智的行动模式时，情绪和情感状态的内在世界里所发生的情况是一样的。那就是为什么我们常发现自己在说诸如"我不知道为什么会感觉如此抑郁，没什么可以让我抑郁的"后，发现我们越发地不快乐了。我们检查了感觉快乐的目的地，发现我们离它越发地远了。我们似乎无法停止提醒自己感觉有多糟糕。

泼出的牛奶

20 世纪 40 年代，第二次世界大战正在欧洲如火如荼。一个英国奶牛场主正在跟一个农场新来的雇农说着话。这个新来的雇农在前线受了伤，作为康复过程的一部分，他最近来到养牛场来帮忙。这个雇农学会了如何把牛群唤回牛棚，确保它们进入牛厩，给它们喂食、清洗、挤奶，然后把装满的牛奶桶带到冷却机那里，然后再搅拌。雇农在搅拌时泼出了一些牛奶，他有点恼，正试图用水冲洗掉。

当农场主走近来时，看到这个经验不足的雇农正绝望地盯着他弄出来的一大滩白白的液体。"啊，"农场主说，"我明白你的问题了。你看，一旦水和牛奶混到了一起，看上去就是一样的。如果你泼了一品脱[⊖]，它看上去就像一加仑[⊜]。如果你泼了一加仑，它看上去就会像……就会像你站着的那个湖了。窍门是只去应付你泼出来的牛奶。让它自己流淌，然后把剩余的扫进排水沟里；当大致干净了之后，再用水管冲。"

雇农开始时泼出来的牛奶与他想用来清洗的水混在了一起，而它看上去都是一样的。我们的心境也如此。我们用最大的努力想清理心境，却令心境更加糟糕，但我们并没有意识到正在发生什么：一切看上去都一样，于是我们更拼命地去想事情解决，而这些努力都是徒劳。没人朝我们摇着旗说："等一下，你刚感受到的那份额外的痛苦，在开始时并非你的心境的一部分。""那里"没有什么事情这样提醒我们，哪怕怀着最好的意图，我们实际上在让事情变得越发地糟糕。

具有讽刺意味的是，当这一切发生的同时，一开始触发这整个过程的心境很可能已经过去了。但我们并没有意识到它已自行消退了。我们忙于摆脱它，而我们的努力制造着更多的痛苦。

过度沉思总产生适得其反的恶果。它只会加深我们的痛苦。它英勇地努力去解决一个它无法解决的问题。在应对烦恼的时候，需要的是一种全然不同的思维模式。

替代过度沉思的另一方法

卡萝打扫房间时，如果她能够用另外一种方式对待涌现的情绪，她可能不一定会迷失在一味思考、思考、再思考的旋涡中。她有可能会意识到，当与朋

⊖　1 英品脱 =0.568 261 立方分米，1 美液品脱 =0.473 176 5 立方分米，1 美干品脱 =0.550 610 5 立方分米。

⊜　1 英加仑 =4.546 09 立方分米，1 美加仑 =3.785 41 立方分米。

友一起的夜晚要结束的时候，一开始出现的伤感会转瞬即逝；当朋友离开的时候，会有忧伤，不需要进一步对"原因"追根刨底。但我们不喜欢感到忧伤，因为这很快就会演变成我们好像是有缺陷的或者不完整的感觉；因此，我们动用智力来聚焦于"现实"和"应该"之间的差异。因为我们不能接受不舒适的信息，我们想射杀信使，但最终射到了自己的脚。

应对当下此刻呈现的负性心境、记忆和思维模式，有另一种策略进化赠予我们可以替代批判性思维的另一种方法，而我们才刚刚开始意识到它的转化性力量。它叫觉察。

▣ 正念：觉察的种子

从某种意义上说，我们对这另一种能力向来是熟悉的，只是为心智的行动模式所蒙蔽了而已。这种能力不经由批判性思维，而是经由觉察来工作。我们称之为心智的存在模式。

我们不仅仅去考虑事情。我们也会经由感官直接地体验它们。我们有能力去直接感觉诸如郁金香、汽车和寒风等事物，并且回应。我们能够觉察自己正在体验的事物。我们对事物和情感有直觉。我们不仅仅凭头脑来认知事物，也会用心和感觉去认知。而且，我们可以觉知自己在思考；意识经验并不止于思考。存在模式跟行动模式是截然不同的认知方法，并非更好，只是不同。但存在模式给予我们一种全然不同的生活方式，以及一种对待情绪、压力、思维和身体的全然不同的方式。而且，它是我们原本具有的，只不过有点被忽略，培育不足。

对于心智行动模式所制造的问题，存在模式正是解药。

经由培育存在模式的觉察，我们可以：

• 不囿于我们的头脑，而去直接感受、体验这个世界，没有永不停歇的苛刻评论思维。我们可以敞开自己，体验生活所赋予的趋向快乐的无穷可能性。

• 把我们的念头视作头脑中来来去去的心理活动，就如同天空中飘过的云一般，而不要把它们当真。最终可以把"我们不好""不值得爱""没有效率"等想法作如是观，而非认定其为事实，这可能会让这些想法更容易被忽视。

• 从现在开始活在每一个当下。当我们停止缅怀过去或者担忧未来的时候，我们就会敞开心怀，留意那些我们一直错过了的丰富的信息资源——这些信息可以助我们免于跌入下滑的螺旋中，并准备过上更丰富的生活。

• 脱离我们头脑中的自动导航模式。经由感官、情绪和思维对自身拥有更多的觉察——这有助于我们依真正的需要准确地行动，并让我们更有效地解决问题。

• 避开那些会将我们引入抑郁的一连串的心理活动。培养了觉察，我们就有可能及早意识到快要滑入抑郁的时刻，并适当应对心境，避免再往下沉。

• 不再因为此时觉得不安，而强求生活变成某种特定的样子。我们能看到过度沉思，正是起于我们想要事情变得跟现状有别。

本书其余的章节会为你具体描述该如何培育我们所论及的那种觉知。其核心的技能是正念。正念可以深刻地改变你的生活。

什么是正念

在当下有意地、非评判地、如实留心事物而出现的觉知，就是正念。你可能会问：对什么加以注意？对任何事物，尤其是生活中我们想当然的或者忽视的地方。譬如，我们可能开始对经验的基本部分加以关注，如我们情绪如何，我们心中有什么，我们究竟是如何感知或者认识一应事物的。正念意味着在任何特定的时刻如实留意事情现况，无论它们是怎样，而非我们想要它们如何。

为什么这种留心的方式有帮助呢？因为过度沉思令低落心境持久并不断回来，而这种留心的方式恰恰是过度沉思的对立面。

第一，正念是有意的。当我们培育正念的时候，我们会更加觉察到当下的现实以及我们所拥有的选择。我们可以带着觉知去行动。过度沉思则相反，它通常是对任何触发我们的事物的自动反应。它与"无觉知""迷失在思维中"无异。

第二，正念是体验性的。它直接聚焦于当下此刻的体验。相反地，当我们过度沉思的时候，我们的头脑被思想、抽象事物占据，与直接的感官体验相去甚远。过度沉思把我们的思想推入过去或者想象中的未来。

第三，正念是非评判的。它的优点是让我们得以看到事物此刻的真相，并让它们如实呈现。相反地，批判和评估是过度沉思和整个行动模式的不可或缺的一部分。任何一种评判（好或坏，对或错）都意味着我们或者周围的事物必须以某种方式达到一个内在或者外在的标准。自我批判的习惯重重伪装成是为了帮助我们"生活得更好""成为更好的人"。而事实上，批判习惯最终会如同一个毫无理性的暴君，永不可能满足。

经由培育正念，卡萝可能觉察到外部事件、情感、思维和行动之间休戚相关，更多地意识到其中之一是如何可以触发另一个，以及如何触发整个的抑郁螺旋。由于她现在有了新的、更智慧的方式去看待当下的体验，她可能不会再反复地觉得自己陷在看似永不会停止的抑郁中。她甚至可以在感觉最脆弱的时候，找到一个善待自己的方法，而这又有可能提高她发展新兴趣和结交新朋友的热情。

如本书后面章节中将要解释的，练习正念并非仅仅是注意到我们从前未曾注意到的事物。它是学习着去觉察特定的思维模式。当这些特定的思维模式被错误地应用到自己身上或情感生活中的时候，会令我们感到陷入窘境。接下来的章节将描述一些实用的技能，应用这些技能，可以让我们在某种模式不再有用时，让我们从中脱离，并转换到不会困囿我们的思维模式。随着保持正念的能力的不断增强，我们可以探索，当我们带着非批判和对自己慈爱的态度去容让情绪在觉知中自来自去的时候，会发生些什么。

在第 3 章中，你会看到，正念练习教导我们转换到存在模式，这样我们可以与自己的情绪更加和平地相处。毕竟，我们的情绪并不是敌人，而是讯息，以最根本、最亲密的方法，把我们与活着的冒险和体验重新联结起来。

第二部分

每时每刻

培育正念：

初尝滋味

一位著名的游记作家受一个富裕的日本家庭之邀去参加宴会。主人还邀请了其他几个客人，并告知大家他有一件极其重要的东西要分享。膳食中将包括河豚，而河豚在日本被认为是高级的美味，部分原因在于除非有厨艺高超的厨师把毒去掉，这些鱼的毒可以是致命的。享用这样的鱼是一份极大的荣耀。

作为贵宾，该作家满怀期待地接过鱼，并每一口细细地品尝。鱼的味道，确实跟他所吃过的所有的食物都不同。主人问他觉得怎样？客人对他所品尝的鱼的美味，满是欣喜。他无须夸张，因为这确实是他所尝过的极致的美味。直到此时，主人才宣布他所吃的鱼是一种普通的品种。而河豚鱼给另一个不知就里的客人吃了。这个作家所学到的"重要之事"是，并非珍稀和昂贵的佳肴如何美味，而是，当普通的食物一口一口细细品尝时，可以有多么美妙。

⊡ 觉察

当作家品味着普通的鱼时，他有非凡的体验。这份体验是由于他改变了关注的方式，从而令觉知的质量发生了改变。主人巧妙的安排以确保这个转变会发生。本书所要阐述的根本教训就是我们可以学习如何把具有与上述相同的品质的关注投入到任何体验中，并因此转化体验的本质。如第 2 章中所介绍的，这种觉察被称为正念，不单只是更周全地留心。它是以一样的方式留心——改变的是我们如何留心。

如果有人问起，大多数人都会回答我们已经留心了——这是必需的，为了完成任何事情，我们都需要留心。或者，如果我们长期地烦恼，可能会觉得已经有太多觉知了，至少是觉知到心情低落时所感觉到的痛苦。但是我们通常的关注，尤其当我们抑郁时，是经由"隧道视野"的关注。如第 2 章中所论及的，我们的注意力倾向于针对一个需要解决的问题。头脑所告诉我们的那些与手边的问题不相关的一切事物都会从我们视野中消退。而经由正念，我们可以体验到生活片刻的真实全貌，而不被想法拽着我们到原本不想去的地方。正念可以把我们从过度沉思以及无休止的"行动"中释放出来，避免更深地被囚禁于抑郁与烦恼中。

正如我们在第 2 章节末尾所说的，在当下有意地、非评判地、如实留心事物而出现的觉知，就是正念。它让我们从行动转变到存在，因而我们在采取行动前，汲取体验所提供给我们的所有的信息。正念意味着我们把评判搁置一会儿，把为未来设下的眼前目标放在一边，接受当下此刻的本相，而非我们所想要的那样。这意味着，哪怕我们注意到有些情境会带来诸如恐惧等感觉。我们开放地接近这些情境。保持正念意味着去刻意地关闭自动导航模式，我们在大多数时间里都在这种模式的运作中，它令我们沉湎于过去，或者担心未来，正念则可以让我们带着全然的觉知去面对事物当下的本相。它意味着了知我们的想法是转瞬即逝的心理事件，而非现实本身。当我们允许自己经由身心感受去体验事物，而不是经由未经检验的习惯性思维，我们会更深地与生活接触。

> 正念不是加以更多的关注，而是以不同的、更智慧的方式加以关注——用整个身心，动用身体和感官全部的资源。

我们通常留心的方法有限得令人难以置信。你可以自己来演示，不妨现在就尝试这个简单的练习（见专栏 3-1），去感受当心有意地、不加批判地存在于正在展现的一切时，这体验是多么生动鲜明。如果可能，给自己几分钟时间来做。如果你觉得现在不能马上就做，那你可以等到稍后有时间的时候才试。

专栏 3-1　葡萄干练习：初尝正念

1. 拿着

◦ 首先，拿起一颗葡萄干，把它放在掌心或者你的拇指和食指间。

◦ 凝视它，想象你刚从火星上降落，就好像你一辈子从未见到过这样一个东西。

2. 看

◦ 花点时间去真正地看它；带着全部的关注，仔细地去凝视它。

◦ 让你的眼睛探索它的每一部分，观察光亮突出处，颜色较深的凹陷处，皱褶和隆脊处，任何不对称性或独特之处。

3. 触

◦ 在手指间拨动它，探究它的质地，如果闭上眼睛可以增强触觉的话，可以闭上眼睛。

4. 嗅

◦ 把它放在你的鼻子底下，每次吸气时，吸进任何可能升起的气味，注意到当你这样做的时候，你的嘴巴或者胃里可能发生的任何有趣的事情。

5. 放置

◦ 现在缓慢地把葡萄干送近你的嘴唇，注意到你的手和手背如何准确地知道该如何放置它，以及把它放置在哪里。轻轻地把这个物体放进嘴里，不要咀嚼，注意到它是如何进入到嘴里的。花一小会儿时间，用你的舌头去探索它在你嘴里的感受。

6. 尝

◎ 当你准备好的时候，要去咀嚼它了，注意到咀嚼时它要到嘴的哪个部位，以及它如何到那个部位的。然后，非常有意识地，咬上一两口，并注意到之后发生了些什么，当你继续咀嚼的时候，体验一波一波释放出来的滋味。先不要吞咽，注意到嘴里纯粹的滋味和质感，以及它们如何随着时间，在每一个瞬间里变化，也请注意到这个物体本身的变化。

7. 吞咽

◎ 当你觉得准备好去吞咽的时候，看看你是否可以首先察觉到升上来的吞咽的意图，所以在实际吞咽这颗葡萄干之前，哪怕是这个意图都是被有意识地体验到的。

8. 接下来

◎ 最后，看看你是否可以感觉到它进入胃里之后还留下什么，感觉你的整个身体在完成这个正念进食的练习之后有什么感觉。

如果你有时间，你可能想用另一颗葡萄干做这个练习，可能做得更慢些，留心任何把它与第一颗葡萄干作比较的倾向，使你不再是纯粹地体验这两颗葡萄干。

当我们全心全意投入到这个简单的练习中时，发生了什么？就如同那个河豚的故事那样，它可以引发很多重要的领悟。一个叫汤姆的正念课程的参加者，为这个练习和他通常的进食方式的差异感到吃惊："我知道我在吃这颗葡萄干，"他说，"比起我平素里的囫囵吞枣，这要鲜活得多了。"

> 葡萄干练习可以向我们显示，当我们隔断感官体验的丰富信息时，我们错过了多少。

加布里埃拉做了相似的评论："我察觉到我们正在做什么。我从未这样尝过一颗葡萄干。事实上，我从未如此去注意过一颗葡萄干。开始它看上去是死的、皱巴巴的，但我随后注意到光线是如何在不同方向照着它，就像是珠宝。当我一开始把它放进嘴里的时候，有些困难不立刻去咀嚼它。随后，当我用舌头探索它的时候，我可以分辨出各个面——但并没有滋味。最后当我咬下去的时候——哦，那美妙极了。我从未尝过这样的东西。"

那么对加布里埃拉来说，这不同的感受是怎么发生的呢？"这不是我平素里所做的，"她说，"我平时不这样吃葡萄干。我不会放很多心思到正在做的事情上。我只是自动无意识地去做。这一次，我真的是聚焦于我们在做什么，而不是想着别的事情。"

在这个简单的正念练习中，汤姆和加布里埃拉直接体会了新的方法去对待体验。他们亲身体验到两种模式的不同，一方面是习惯性的行动模式；另一方面是存在模式中，与每刻保持着全然的接触。他们吃着，并知道他们在吃着。他们正念地吃着。

放缓事情的步伐，特意地关注感官体验的方方面面，可以为我们显示那些以前从未注意到的事物。葡萄干的味道可能与我们想象中的不一样。舌尖上葡萄干的滋味可能是一份崭新的体验。这份滋味可能是我们从未如此体验过的，通常要比不经意地往嘴里塞 20 颗葡萄干的滋味还要更加丰富。以这种方式保持正念可以从根本上改变我们进食体验的本质。

如果正念可以转化我们的进食体验，那么，它又能为一份忧伤的心境做些什么呢？如果忧伤时，我们能够临在，与之共处，我们就可以摒除任何有关忧伤的猜想或假设，以愿意经历当下此刻的心怀，面对忧伤的心境我们有可能终于体会到每一个瞬间的忧伤，不再被体验为是一辈子都变得很糟糕，而仅仅是在一瞬间里的忧伤而已。这个转变本身并不一定能够让我们感觉好些，但它很有可能会把我们带上一条不同的道路，这条道路不会断然走向抑郁。

⊡ 活在当下

从吉娜吃葡萄干练习的体验，可以看到我们是多么容易就被弹射到心理时光之旅中，我们不再体验当下此刻只是这一瞬间，而将此刻向过去和未来延伸。吉娜第一次尝试葡萄干练习时，刚经历了压力很大的一天。一整天里她到处奔忙，徒劳地想要去完成几个不同的项目。在葡萄干练习中，头脑为她回顾了她的一天：

昨天，我女儿把葡萄干当做点心吃。但她没把它们吃完。

接着她想到，我饿了，我还没有吃午饭。如果杰德未曾打断我，我应该有更多时间的。我可能已经吃过午饭了。

她开始觉得有点烦躁，当她开始想着晚餐要做些什么吃的时候，她的烦躁消退了。接着，她开始盘算晚餐的菜单，而那又让她开始琢磨孩子们那天会什么时候回到家里。虽然她的意图在于聚焦于每个瞬间里葡萄干的样子、触觉、气味和滋味，但她实际上完全心不在焉。"事实上，"她说，"就是想啊想啊想，整个就是胡思乱想。"而那些胡思乱想把她远远带离了当下对葡萄干的觉知。她回到她女儿的点心时间，被杰德打断的时间，然后又进入到晚餐和孩子们回家的时间。吉娜并没有选择这样去做，只是她的心思似乎自己启动了，并展开自己的规划。

在这样的心理时间旅行中，当我们陷入思索过去和未来情境中时，我们很容易就忘了我们正身处当下。反之，我们沉湎于那些有关过去或未来的念头当中，仿佛我们真的就在那里。我们常常重新体验记忆中的情绪，或者预先体验预期中的情绪。此时此地是我们唯一可以体验到的现实，我们不仅把自己与之脱离而且为早已过去的或可能永远不会发生的事情而感受痛苦。难怪到最后我们的感觉比一开始更加糟糕。

在心智的存在模式中，我们知道可以让一种开阔的感觉活在当下；此刻，我们不需要到任何别的地方去，除了此刻需要做的事情之外，也无须去做任何事。我们的心可以专注于对此刻的觉知中，让我们能够每刻与生活所给予我们的全然地在一起。这并不意味着禁止我们去回想过去或者规划未来；它仅仅意味着，当我们想着这些的时候，我们觉察到自己正在这样做。

📖 视念头作转瞬即逝的心理活动

大脑思考问题的巨大力量得以让我们在付诸行动去解决问题之前，可以先在脑海中想一遍解决问题的方法。它让我们规划、想象和写小说。问题发生在我们把"有关事情的念头"与"事情本身"混淆起来的时候。念头包括了诠释和评判，它们本身并非事实；它们仅仅是更多的念头。

我们可以想着一把心中幻想出来的椅子，并知道这把椅子与起居室里的那把椅子不同，这样的事实相对容易把握。但当心中带起的念头不是具体实物（譬如我们个人的价值）时，这份区别可能要难得多。有关自我价值的念头并不比幻想椅子的念头更加真实。如果我们经由正念，转换到存在模式中去，就可以更清晰地看到这一点。我们可以学着去观察我们的想法和情感，把它们视为心里自来自去的体验。就如同外面街道上的汽车声呼啸而过，天空中飞鸟的身影也一掠而过，到访的那些念头是自然升起的心理活动，它们逗留片刻，然后自行消退。

转换了我们与想法之间的关系，我们就可以从它们的掌控中释放出来，这很简单，但又富有挑战性。因为当我们有诸如"这份烦恼将永远跟随着我"或者"我不是一个值得爱的人"这样的想法时，我们无须把它们当作现实。当我们把它们当成现实的时候，我们就会陷入跟它们无休止的挣扎中。事实上，这些想法是心理活动，如同天气一样，是我们心中某些时刻为了某些原因所产生出来的。如果经由正念觉知来看待并

> 活在当下，把我们的念头和情绪当做转瞬即逝的信息，如声音、景象、气味、味道和触觉一般，这样不至于让它们淹没我们的感官传达的信息——这些感官信息可以让我们远离过度沉思之路。

接纳它们的话，我们可能最终会较能洞悉它们在何时出现与如何产生。但在此期间，我们确实不需要把它们当做是要推翻的暴君。

关闭自动导航

在做完葡萄干练习之后，很多人都意识到他们很少如此正念地吃东西。他们意识到正念地体验这单个葡萄干跟他们通常的吃法之间有巨大差异。

保拉比较她平常吃葡萄干的体验。

"其实，我不会从中获得乐趣。我觉得自己甚至不会很有意识地去吃。去拿一颗葡萄干来吃不会是我选择要去做的事情；它只会是别的事情的一部分。因此，吃东西就是每天到点了之后我该做的事情，而不是我会真正享受的东西。"

我们的生活中充斥着无知无觉。进食是一个最好的例子。虽然它需要动用我们所有的感官，我们进食的时候几乎不带什么觉察。有时可能连着几个星期里，每天几次进食，都从未去品尝我们的食物。我们可能边吃边聊，边吃边阅读，或只是边吃边想着别的事情。我们全然地纠结于头脑的思维流以及日常生活的迫切需求中。

营养师提出这样的进食方式是我们中一些人体重超重的一个原因——我们对身体发出的"吃饱"的信号不加注意。同样，令我们胶着于烦恼和抑郁的心智模式是些旧有的习惯，它们从记忆中被"挖掘"出来，并在我们不全然觉知的时候控制了我们。我们把控制权交给了头脑

> 行动模式可以自行其是，特别是当我们烦恼的时候。因此，要转换到正念需要意愿和练习。

中的自动导航系统，打造了适当的状态，任这些潜意识的机制自如运作。

在每天的处境中，我们都曾处于自动导航状态，我们也知道，它常常会把我们带到没有规划要去的地方。譬如，我们需要从一条与日常回家之路不同的路去递送一个包裹。如果我们开车时处于自动导航状态、做着白日梦、想着要

45

解决问题或是陷入过度沉思中，会发生什么呢？很有可能我们会发现回到家中时，包裹依旧在车里。当我们心不在焉时，沿着老路回家的老习惯就会掌控。当你发现购物袋装满了却独独缺了你出去要买的东西的时候，或者当你发现自己反复地拨打着已经换了一段时间的电话号码的时候，或者当你伸手去擦掉你的小男孩脸上的污渍却忘了他已经 27 岁的时候，你可能曾笑出来吧。

觉知可以让自动导航所偏好的老习惯在行为决策中失去最终的发言权。它还可以让我们在老习惯刚冒出来的时候就发现它们，并认识到它们的真实模样。最终，我们甚至还可以用不执著的、仁慈的幽默来看待我们的过度沉思式思维模式，如同看待我们忘记孩子已经长大、最好的朋友已搬家，或者忘记我们去购物的原因是需要牛奶等的失误。在行动模式中，心常沉缅于种种关于当下的念头，于是我们对当下实际发生的事不甚了解。相反，存在模式的特性是觉察当下即时的感官体验。每一刻，我们直接接触生命，跟自身的体验有新鲜而直接的亲密接触，伴随之的是完全不同的认知。事物展现时，不言自明地、直觉地、非概念化、直接地认知什么正在展现。做事时，意识到自己正在做什么。

如果没有这份觉知，我们在这条路上走得越久，就会陷入得越深。自动思维模式会一次又一次地把我们引入同一条路，而我们会以同样的行为响应，并引发出同样越来越糟糕的感觉——抑郁结构中的每一部分，都会激发别的部分以及整体结构。缺乏觉知可以令我们看不到其他的可能性。事实上，它可以使我们在整体上看不到改变的可能。

▣ 直接体验

变化盲视

心理学家丹尼尔·西蒙（Daniel Simons）和丹尼尔·莱文（Daniel Levin）对正穿过康乃尔大学校园的人们究竟对身边的事情有多少觉察进行了一个实验。

当时，一个实验员拿着一幅地图，并问那些毫无疑心的行人，问他们是否可以指点附近一幢建筑该怎么走。询问到一半的时候，心理学家安排两个人带着一扇大门走到提问者和行人之间。有一刹那，提问者被大门遮挡了。就在那个瞬间里，第二个提问者娴熟地替代了第一个提问者。不同的人——不同的服饰，不同的身高，不同的声音。

有多少受访者注意到了这个变化呢？在一项研究中，只有 47%，而在第二个研究中只有 33%。显然，很多人对正在他们眼前发生的事情——提问者从一个人换到另一个人——并无觉察，怎么会是这样的呢？当我们被打断，并收到一个要解决问题的任务时，我们就会立即关注于解决问题这个目标。如本章节开头所说的那样，在行动模式中，头脑只会选择与达到目标直接相关的信息。我们完全没有意识到，我们把那么多可以被我们感知到的信息筛选掉了，甚至到了全然没有注意到那个与我们说话的人的地步。心理学家把这称为"变化盲视"。

行动模式把我们的注意力缩窄到占据心头的问题上，制造出想法，如面纱般，常会把我们与直接的体验隔开。在刚才描述到的实验中，关注力狭隘地集中在只跟目标相关的信息上，以致把提问者只看作一般"问我方向的人"，因此实际上完全没真正看到他。如果进食的时候，行为模式依旧在运作的话，我们大部分的注意力会被与目标相关的想法所吸引或影响。我们心中总是挂带着那些未完成的事务——白日梦、计划、问题解决、回顾或预演。在行为模式狭隘的目标焦点中，景象、气味、躯体感觉和食物的滋味都变得不那么相干了，因而，这些很少得到关注。我们中大多数人并没有觉察到自己因此错过了多少生活中的事物。

洗盘子

你是否注意过，有多少时间里我们会为了未来的承诺而抵押我们的当下？以洗盘子这个例子来说吧。当我们处于行动模式中时，我们想尽快地把它们洗完，这样可以进入下一个活动。而非常有可能，我们正为别的事情占据出神，因此，并没能把所有的注意力放在洗盘子上。可能，我们希望总算可以有喘口气、放松一会儿的时间了。我们可能在想着要喝杯咖啡，以及那将有多么地放松。如果我们看到一只不知怎么忘了洗的脏锅子（或者，更糟糕地，别人发现我们漏洗了一只脏的锅子），我们可能会觉得烦躁，因为这只不知好歹的锅子一时间阻碍了我们尽快把事情做完的欲望。最终总算完成了，或许我们可以坐下来，喝上那杯咖啡了。但我们的头脑可能依旧被锁在行动模式中，充斥着各种计划和目标。所以，哪怕我们喝着咖啡，很有可能我们已经在想着我们要做的下一个任务（回些电话和电子邮件、付账单、写封信、跑腿办些事情、继续学习等诸如此类的事）。

有一刹那，也许不知为何地，我们回过神来，猛然发现手里的空杯子。我刚才喝了它？我一定是喝了的。但我不记得喝它了。我们实际上错过了洗盘子时所期待着想要坐下来享受的咖啡，就如同我们错过了与洗盘子有关的整个的感知体验：水的感觉、泡沫的样子、刷子接触到盘子或碗时的声音。

这样下去，一点点地、每时每刻里，我们并没有全然临在而生活就这样溜走了。我们总是想着要到别处去，几乎从不在我们真正置身的地方，并很少对此刻展现的一切加以关注。我们想象着，只有我们到了别处，无论那是何时、何地，我们才会幸福。之后，我们就会有"时间放松"了。因而，我们推迟着我们的幸福，而不是向此刻我们所拥有的体验敞开。结果，我们可能就会错过一天里正在展开的每一个瞬间，就如同我们错过了洗碗、喝咖啡那样。如果我们不小心的话，我们大部分的生活都可以被这样错失掉（见专栏3-2）。

专栏3-2 平静

平静只能存在于当下。"等着我把这做完，然后我就可以自由自在地过平静的生活了。"这种说法是可笑的。"这"是什么？一个毕业证书、一份工作、一个房子，抑或是还清一份债务？如果你是那么想的，那么，平静永远都不会到来。永远还有另一个"这"紧随着当下的这一个。如果这个时刻你没有生活在平静中，你将永远都不能活在平静中。如果你真的想平静，那你必须现在就平静。不然，你所有的只是那份"某一天能够平静下来的希望"。

——一行禅师，《太阳，我的心》

▢ 超越通常的目标聚焦

行动模式聚焦于关于现实的想法与理想的想法之间的差距上，旨在达到预设的目标。相比之下，存在模式并不担心现实与理想之间的距离。至少在原则上，并不执著于达到任何目标。这种不强求的取向本身就可以有助我们从行动模式的狭窄目标聚焦中释放出来。它还具有另外两个更加重要深远的意义。

在存在模式中，无须不断地监察和评估世界的现状是否在趋近我们所设立的目标。这一点反映我们是以非评判、接纳的态度去留心事物。在存在模式中，我们发现可以搁置对体验的评价，我们不再对体验评价为"应该"如此或者"必定"如此，是否"正确"或者"不正确"，是否"够好"或者"不够好"，我们是否"正在成功着"或者"正在失败着"，甚至放下评价我们感觉"好"或者"不好"。每一个当下的时刻可以被如实地拥抱，以它本身的深度、广度、丰富，而不需要一个"隐藏着的议程"来不断地评估我们离理想状态相差有多远。这是多大的解脱！但有一点需要明白，那就是当我们放下这样不断评估体验的时候，我们并非是随波逐流、行动没有目的或目标。习惯性的、无意识的行动并非唯一的动力源泉，我们依旧可以带着意愿和方向来行动。因为我们也可以在存在模式中采取行动。区别在于，我们不再狭隘地集中于或者执著于有关目标的概念上。这意味着，当现实并不符合我们概念中所形成的期待或者目标的时候，无论它们是什么，我们都无须感到那么烦躁或者瘫痪、难以动弹。另外，我们依旧可能在某些时刻变得非常、非常地烦躁，甚至可能有瘫痪、难以动弹的感觉。

但当我们容让觉察去接纳哪怕是那样的感觉时，那么，如同我们在下面的章节中所见到的，恰恰这个觉察的姿态，可以带来更大程度的自由，可以让我们得以与事情的本相在一起（包括我们感觉有多么烦躁），而无须改变此刻现状。

我们已经提示，当我们转入存在模式觉知到我们普遍对目标的无意识执著时，有着第二个深刻的意义。那就是，当我们不再聚焦于我们的感觉和理想感觉之间的差距时，可能就不再会体验到行动模式中自动衍生的、一系列的不愉快情绪了。当我们从行动模式转入存在模式时，我们觉察力的转换可以"切断"那些额外烦恼的来源：我们为烦恼而烦恼，为担忧而担忧，为愤怒而愤怒，或者为想经由思考脱离痛苦的努力之失败而困扰。这一切都徒增着我们的不快乐，令我们可能易于陷入不满和抑郁，而这份觉察则移走了这个不满和抑郁的恶性循环的主要燃料。当我们不再不断地担心我们的体验错在哪里时，我们就可以敞开心扉，感受自身和世界更大的和谐合一的可能性。

我们曾经被教诲：设定目标并为之努力是达到理想之境、通往幸福之道。那么，可能难以相信，不执著于目标，哪怕是有价值的目标，可能是走出烦恼之道。但既然我们已经明白，执著于"修正"自我无价值感这个目标可以错误地将我们引入过度沉思和抑郁的旋涡中，或许，我们就可以看到正念的不强求的取向会有助于我们彻底避免那个陷阱。它让我们不再对心境加以批判和谴责，不再试图从不想要的感觉中逃离。从而，我们可以拔除抑郁性沉思的习惯，并且把自己从这份穷追猛打的拉扯中解脱出来。

▢ 趋近而非回避

正如我们所说的，不强求并不意味着没有方向地漂浮。它意味着拓宽我们的关注，而不仅仅聚焦于达到某个特定的目标。它也意味着，与其动用狂热的努力来拒绝造访我们的"不可接受"的情绪，还不如带着接纳去面对它们。但正念并非被动地认命。它是一种态度，让我们有意地去欢迎，并转向涌现起来的一切——这一切包括我们通常会对抗或者试图逃避的内在体验。趋近 (approach) 和回避 (avoidance) 机制是任何生命系统和生物生存的基础。接近和回避的回路存在于大脑特定的区域中。正念拥抱趋近——怀着兴趣、开放、好奇（拉丁语中的好奇，意味着"在意、关心"）、善意和慈悲。正如克里斯丁娜·费尔德曼 (Christina Feldman) 所言，正念的本质并不是中性或者空白的存在。

真正的正念是充满着温暖、慈悲和兴趣的。在这种投入的专注中，我们发现要去憎恨或者害怕我们真正理解的任何事或任何人都是不可能的。正念的本质是参与性的：那里有兴趣，自然的、不强加的关注就随之而来。

正念的开放、趋近的态度为可能燃起沉思的本能性回避提供了一份解药。哪怕在面对外界的威胁和内在的压力之时，它为我们提供了一个崭新的方法去对待自身和世界。我们重新有意地控制注意力，将自己从烦恼和抑郁的困境中拯救了出来。

葡萄干练习提供了一个机会，让我们稍微体验一下有意的转换注意力是怎样的感觉。如果我们把吃葡萄干的那种方法延伸到日常生活的活动中去，会发生什么呢？

日常活动的正念

我们希望当需要这种新方法的时候，它就在那里，这样我们可以有技巧地回应烦恼，并过上更加饱满、丰富和自由的生活。怎么才能做到这样呢？首先像对待葡萄干那样，我们进行日常生活的活动时，与其如以前般只当作例行公事，不如练习有意地留心我们的体验。我们可以先每一天把正念融入一个日常活动中。

这里的建议是，无论我们在做什么，都可以把温柔的关注融入其中。每次无论我们做什么，尽量都把每时每刻的、非批判的、新鲜的觉察带入其中。目的并非对这些日常行动变得超级关注或者带来更大的压力或过分自我。事实上，我们可能发现，把正念觉察融入到各种事物中去的时候，不但省力，而且让所选择的活动变得更加容易（见专栏 3-3）。

专栏 3-3 把觉察融入日常活动中

增加正念的其中一个练习方法是，选择一些我们每天都做的常规活动，并且下定决心，每次我们去做的时候，会尽量把一份每时每刻的、非批判的、新鲜的觉察带入到这个任务或活动中。当把觉察融入到这些日常活动中时，我们更容易地看清何时我们正在行动模式中、何时在自动导航模式中，并为我们提供了个即刻替代的方法，也就是一个进入和安住于存在模式的机会。这样，我们真实在做着事的时候，全然知道自己在做什么。

这些是一些可供练习的活动的例子：

◦ 洗碗

◦ 使用洗碗机

◦ 倒垃圾

◦ 刷牙

◦ 淋浴

◦ 洗衣服

◦ 开车

◦ 跨出家门

◦ 回到家里

◦ 上楼

◦ 下楼

请把你自己选择的活动加到这个清单上，或许，每周选择一个去集中练习，然后每一周增加一个新的活动。

留意到做这些（看似）简单的事情有多么难，是件有趣的事情。别人练习对琐事加以刻意关注时有什么体验呢？吉娜练习了对日常活动更加觉察。下面是她分享的发生在感恩节的事情。她预期到会有一同往常的匆忙和混乱。令事情更为复杂的是，她要在几个星期里搬到一个新房子里去。

"哎，"她说，"感恩节是非常忙乱的，加上我们还要搬家，但是我应对得很好，令人惊奇。在做事的时候，我用了觉察。我们一共有 11 个人将在一起 5 天，所有的事情都在我身边发生着。因而，我集中于我做的小事情上，可能是削土豆皮或是打扫卫生，我对它们更有觉察。譬如，当我削土豆皮的时候，我的注意力就集中在我手中的土豆上。

"我把一切都应对得非常好，比平常要好，尤其这次来的人比往常更多。老实说，我觉得我从未应对得这么好过。"

吉娜究竟做得有哪些不同呢？原来，无论那些任务看上去有多么琐碎，她只集中关注在当下此刻，而这令她有意想不到的收益。其一，这似乎"拔掉"了她预演未来的倾向；其二，它防止了她的头脑陷入行动模式中，以往她惯用行动模式来回避想象中的灾难。以下是她的描述。

"我想事实是，我没有去想那些如果我不做这个或者不做那个，可能会发生的所有的事情。我可能比往常更多地安住当下。通常，我总是操心，哦，如果做不完这个怎么办？如果我不做这个会如何？我觉得那些想法似乎都减轻了。"

"搬家——我们已经在我们房子里住了 20 年了，我们家里堆起来的东西多得你简直难以想象。有几个晚上，我无法睡觉，想着要做的一切，我想：好吧，算了，等它到来再去处理吧。我觉得那样的想法在感恩节帮了我的忙。我无法找到任何别的原因。"

重点不在于吉娜选择担心什么会出错。而是，当我们心不在焉，当我们与身边发生着的事情失去接触时，旧的心理习惯会接管和掌控每时每刻我们的所见所为。这可以影响到我们的体验，在觉知层面之下塑造着我们的体验。我们常常会觉得自己是受害者，而没有认识到实际上我们是合谋者。

正如我们看到的，滑入思维的老模式是我们陷入持久烦恼的主要途径。如进食、洗碗或者完成我们清单上的任务，我们很容易就会无意识地掉入白日梦和解决问题模式中。但是白日梦是过度沉思的近亲。因此，如果我们过去曾经有很长时间抑郁过，很有可能（尤其是当我们闷闷不乐时）我们的白日梦会滑入负性思维的陈腐习惯中。如果我们并没有注意到此时此刻我们身上正在发生着的事情，我们的心境就可能会不知不觉螺旋下滑。预防这样发生的第一步是意识到我们正在自动导航模式上运作，并且，尽我们最大的可能去有意地管理它，从它当中走出来，到一个更加开阔、充满自我慈悲和智慧的觉知中去。

觉察的清新空气

对我们大多数人来说，典型的一天就是从一个任务忙到下一个任务，忘了还有其他的可能性等着我们。哪怕只是一点点正念，当融入任何一个时刻的时候，已可以令我们觉醒，以致至少在那一瞬间，摧毁行动模式的冲力——而我们所要关注的，就只是这一瞬间的事。我们无须停下手上在做的事。只需要把更大的、每时每刻的、非批判的、智慧的觉察融入到我们正在展现的时刻里。解决我们心境问题的方法不再凭借英烈的努力去改变我们的内心世界或外面世界中的人、地方和工作。它只需要转换我们对这一切的关注方式。

如果你曾经买过老房子，或者认识的人中有人买过，就会知道干腐病（菌类引致木材腐烂）是一个大问题。如果干腐病侵入到房子的木结构中，那会破坏一切。房屋测量师提议如何应对它时，每每反复提到空气流通的重要性。干腐病的孢子在新鲜空气流通良好的地方无法很好地生存。测量师会建议买主装排气孔和其他的装置，以确保木头良好透气。孢子依旧在，可能落在木头上，但周围的新鲜空气却令其无法生长壮大。

> 哪怕只是把一点点正念融入到瞬间里，都可以打破导致持久烦恼的事件链。

同样，我们可以说压力、疲惫和痛

苦情绪会在缺少新鲜空气的环境中茁壮成长。这并不是说，有了觉察，它们就停止存在了，而是说觉察会在它们四周留下空间，就如新鲜空气于孢子，这些空间提供了一个环境，在此环境中自我贬低和局限的思维框架将不再能茁壮成长。正念可以在早期就发现它们，更清楚地看到它们，并注意到它们是如何升起，又是如何消逝的。正念提供了一个方法，让我们清楚见到它们，又不为它们所困。尽管心中这个维度——觉察的维度——是我们亲密的部分，我们通常并不安住其中，甚至不会造访它。虽然它是我们所拥有的一种强有力的能力，但我们多半忽视它。在下面的章节中，我们会描述去探索大脑和心灵的这个新维度的更多的方法。

第4章

呼吸：

觉知的入门

葡萄干练习很简单，但它的意义却非常深远。它向我们展示了单是去改变我们注意的方式就可以转化我们的体验。动用我们所能触及的所有的觉知力量能够打破沉思的锁链，并可能把我们从慢性的烦恼中释放出来。但要触及到这些力量需要我们大多数人所不具有的技能。本章和本书第二部分剩下的章节会介绍一些正念练习，它们对我们发展更大的技能，当我们处在行动模式中时能够自觉地转换到正念觉知中极具价值。

▢ 让心智安稳

转换模式能力的培育需要我们学习如何去全然存在于此地和此刻，无论"此地此刻"向我们展示的是什么。这听上去很好，但有一个例外。那就是，在很多时间里，如果事情不如我们的愿，我们并不想真正处在当下——我们想到别处去，任何别的地方。更有甚者，哪怕我们努力尝试，大多数时间里去把注意力集中在当下并不容易。我们的心智倾向于漫无边际，从一个主题跳到另一个主题，就如同丛林中的猴子从一棵树跳到另一棵树。

有多少次你离开一个房间去找剪刀或电话簿，结果发现自己在另一个房间里，不知道你的目的是什么。多少次你被一个笑话逗乐了，想着要与朋友分享，而一两分钟之后，发现自己在想着支票簿里缺失的某张支票——根本不知道一个念头是如何带来另一个念头的。心智似乎有着它自己的头脑。

仅仅能够从这个事实中清醒过来本身就是一个重大的发现。但接着我们该做什么呢？我们如何去训练我们的心智，哪怕受很多分心事物的摆布，哪怕要面对非常不愉快的处境或压力时，让它变得不那么散漫，能够更加"临在"呢？我们怎样才能让我们注意的能力更加稳定和深入呢？

我们可以通过选择去对什么关注以及如何加以关注来做到这点。而要让这个策略有效，我们也需要发展一定程度的动机和一种特定的意图。这样我们可以不受心智根深蒂固的反应性习惯所永久地摆布。但是，从下面的故事中，我们可以看到问题并不在于去做更大的努力。

⊡ 新手

有一个久远的故事，一个西藏的新入佛门的僧侣想到第一次见到他的师父而激动。他迫切地想要问些问题，但感觉到这并非提问的时机。于是，他仔细地聆听师父的教诲。它们简单扼要："明天一早起来，攀到山顶上，你会发现有一个山洞。从凌晨坐到傍晚，不要有什么念头。动用任何一种方法去消灭念头。当一天过去，来告诉我这一天怎么样。"

第二天拂晓，新僧找到了那个山洞，在那里舒适地坐下，等着他的头脑安稳下来。他以为如果他坐得足够久的话，他的头脑就会变得空白。相反地，他的头脑充斥着各种念头。很快他就开始担心完成不了师父的任务。他试图强迫把念头从头脑中赶走，但那只是产生了更多的念头。他朝它们叫嚷："滚开"，但是话语在山洞中訇然作响。他跳上跳下，屏气，摇头。一切都似乎无济于事。他永远想不到他的生活中会有这么多的想法袭击着他。

一天结束的时候，他下山回到师父那里。他感到非常沮丧，想看看师父会有怎么样的反应。可能他会被当做一个失败者而被遣送，不再适合接受进一步的训练了。但师父听了他身心上付出的努力之后，只是放声大笑，"非常好！你很努力地试过了，并且做得非常好。明天你应该回到山洞里。从早坐到晚，除了念头外，别的什么都不要有。一整天想你喜欢的任何东西，但在念头之间不许有间隔。"

新僧着实乐了。这应该很容易。他势在必得。毕竟，对他来说，"有念头"就是一整天里发生的事情。

第二天，他满怀信心地爬到山洞里，坐了下来。过了一小会儿，他意识到事情不太妙。他的念头开始慢下来了。偶尔，会有一个开心的念头袭来，他就决定跟随这个念头一会儿。但很快它们就枯竭了。他试着去想一些宏大的想法、哲学思辨，以及对宇宙之现状的担忧。任何东西。可想的事情开始少下来了，而且开始变得有点无聊了。他的想法都到哪里去了呢？很快，他能够想到的"最好"的想法似乎开始有点陈旧了，如同一件露出了线脚的旧外套。接着，他注意到念头之间的间隔了。哦，天哪，这是他被告诫要回避的事情。又一次失败。

一天结束的时候，他觉得有点一蹶不振。他又失败了。他下了山，去找师父，师父又放声大笑。"祝贺！太好了！现在你知道该如何完美地去修行了。"他不明白师父为什么这么高兴。他究竟学到了什么呢？

师父高兴，是因为新僧如今已经准备好去认识到某些重要的事情：你无法强迫你的头脑。如果你想试，你不会喜欢它所带来的东西。

你无须登到山顶就可以自己得出这个结论。你可能想现在就试试这个简单的实验。把目光从书本上移开一分钟，并可以想任何东西，但试着不要去想一头白色的熊。一分钟。确保不要有那个动物的任何想法或者意象。

一分钟过去了吗？你发现了什么？

大多数人发现他们无法完全抑制住有关白熊的想法。丹尼尔·威格纳（Daniel Wegner）教授和他的同事发现如果我们想如此压抑想法的话，我们所抵抗的将会更加持久：我们强迫头脑的努力只会适得其反。抑制想法不仅仅在一开始就很困难，而且之后，如果我们被允许去想白熊，有关它们的想法比没有试图去压抑它们之前会出现得更多。

如果这对于诸如熊等中性的念头和意象尚且如此，那么不难想象如果我们想压抑非常个人化的负性思维、意象和记忆会是怎么样的。如果我们过去曾经经历过持久的低落情绪，就有可能会把很多的心理努力投入到控制负性思维中。温斯拉夫（Wenzlaff）和贝兹（Bates）博士及同事的研究发现，这有可能会在很短时间里有效果——但是带着巨大的损失：那些花更大的努力想把负性的东西从头脑中赶走的人，到头来比那些没有这样做的人更加抑郁。而冥想的智慧很早就提出：试图去压抑不想要的思维

> 对此地此刻加以关注，我们需要意图，而非强力。

不是平心静气的非常有效的方法，很多心理学家从这样的研究中证实了这一个结论。

当意图胜过强力时

如果强力如此无效，我们怎样才能让我们的心智安稳下来呢？

但事情并不令人绝望。你是否看到过一个婴儿看着她自己的手，全然沉浸于自然这个美妙的创造物中？在这里注意力得到保持，看似毫不费力，每次可以持续几分钟。头脑有着自然的机制，可以支持持久的、清醒的和投入的注意力。我们怎么样才能触及它呢？

一种办法是温和地挑战自己，去刻意地把注意力反复地集中在单个物体上。历来，很多不同的物体被用来收敛和稳定我们的头脑，从柔和的、跃动着的烛光到在头脑里无声地重复诸如"OM"这样的声音。研究显示，当我们这样把注意力有意地集中于一个物体上的时候，我们可以经由激活与所选择的注意力相

应的大脑回路，同时，抑制与这份注意力相竞争的相应的大脑回路，而无须费劲。就好像大脑"照亮"了所选择的目标，同时令没被选择的目标"暗淡"了。

为了善加利用这些基本的过程（这些让心智/大脑在某些情况下安稳下来的自然倾向），我们要付出切实的努力，但这是一种温和的努力。我们把注意力的聚光灯照到我们所选择的目标上，然后无论何时当我们注意到它移走了的时候，反复地把这聚光灯集中在上面。这与强迫地使某些思维进入头脑，或把某些想法赶走，或为进入不想要的想法和情感设置障碍这些让头脑安稳下来的、目标取向的力争非常不同。这是一种温和、优雅的努力，提示着转入一种支持好奇、兴趣、探索和研究的心理模式。如第3章中我们所读到的，它让我们触及心智所具有的接近而非回避处境的能力。

传统上，一杯混浊的水的意象很好地捕捉到了这种强化心智本具的、澄净的自然能力。只要我们不停地搅动这水，它就会一直处于混沌中。但如果我们有等待的耐心，泥土最终会沉淀到玻璃杯的底部，留下上方清澈、纯净的水。同样，如果我们努力想要去平稳、控制我们的头脑，通常会把事情搅动起来，让一切都更加不清晰。但我们可以不再成为自己的妨碍，停止去让头脑混混沌沌，而是鼓励它在某段时间里集中在单个的物体上。当我们刻意地放下我们迫使事情成为某个特定样子的冲动的时候，头脑会自然地安稳下来，让我们更加平静和明晰。

挑选一个相对中性的物体作为注意的焦点很重要。这个物体不应该带有强烈的情绪色彩或者在智力层面充满趣味，不然它会打断心理稳定性的发展。这里的意图是，尽我们最大的努力，当气息出入身体的时候，对不断变化着的身体感觉加以关注。

呼吸

如果你现在可以稍事躺下来的话，你不妨试试这第一个正念呼吸的练习（见专栏 4-1)。如果不方便，可以稍后再试。

专栏 4-1　正念呼吸——躺式

请仰卧着，把一只手放在你的腹部（在肚脐部位），感受气息在此刻进入你的身体。你可能会注意到腹壁会随着吸气隆起，随着呼气下沉。看看你是否可以找到并感觉这份运动，首先用你的手，然后不需用你的手，而只是"把你的意念放在你的腹部"。无须去控制呼吸的流动。允许它自如地来去，尽你所能，感受身体感觉的变化。安住在此时的觉知中，就这样感觉气息进入身体，或者，你可以采用任何方法让你的腹部的起伏与你自己的呼吸同在。

你也可以用坐姿来培育对呼吸的正念（见专栏 4-2)。这个练习的指导语在本书的音频中。

专栏 4-2　正念呼吸——坐式

安静下来

1. 可以在直靠背的椅子上或者在地板上一张柔软的垫子上坐下，垫子支持着臀部，或者也可以坐在或低或高的冥想椅上。如果你用椅子，坐的时候离开椅背会非常有益，这样你的脊柱会得到自我支持。如果你坐在地板上，让你的双膝去触及地板会有帮助，虽然开始时并不一定觉得如此；试验垫子或者椅子的高度，直到你觉得获得了舒适而稳固的支持。

2. 让背部采取一个直立的、有尊严的和舒适的姿势。如果坐在椅子上，让双脚平放在地板上，双腿不要交叉。如果觉得舒适的话，请轻轻地闭上眼睛。或者，让目光低垂，松散地落在你前方 1.5 米左右开外的地方。

把觉知带到身体上

3. 把觉知融入到身体的感觉上，可以通过把注意力集中在身体与地板或者与你坐的任何地方相接触处的触觉（接触和压力）上。花一两分钟时间来探索这些感觉。

聚焦于呼吸的感觉

4. 现在如同你躺着时候做的那样，把觉知带到气息出入时候、腹部感觉的变化模式上来。

5. 当吸气的时候，把注意力集中在腹壁轻轻舒展时的轻微的伸展感上，当呼气的时候，把注意力集中于腹壁下沉时轻微的释放感上。尽力在吸气和呼气的整个过程中，与你腹部感觉的变化保持接触，或者注意到吸气和接下来的呼气，或者呼气和接下来的吸气之间的那个轻微的停顿上。或者，如果你更喜欢的话，把注意力集中在你觉得呼吸的感觉最生动和分明的地方（譬如鼻孔）。

6. 无须以任何方式来控制你的呼吸——只是让身体自己去呼吸。尽你所能，也把这份允许的态度融入你其他的体验中——没有什么需要去修正的，也没有什么特别的状态去达成。只需尽力，听从于你的体验，而无需让它有任何不同。

心念漂移该怎么办

7. 或早或迟地（通常是早），心念会从对腹部呼吸时的感觉上漂移，陷入到思维、计划、白日梦中，或者就是漫无目的地四处漂移。无论涌现出什么，无论心念被拉到何处或被什么所深深吸引都完全可以。这种漂移和被事物吸引就是心智本来会做的；这并非一个错误或者失败。当你注意到你的觉知已经不在呼吸上的时候，你或许该祝贺自己，因为你已经回过来，有足够的觉知了解到了。你又一次，觉察到自己的体验。你可能想简单地确认你的心念去了哪里（注意到你头脑里有什么，或者可以轻轻地做一个心理上的注解："思考，思考"或者"计划，计划"或者"担忧，担忧"）。接着，温柔地把觉知重新带回到腹部的呼吸的感觉上，把你的注意力交给此次吸气或此次呼气，无论此刻你是回到哪个上面。

8. 无论你有多么频繁地注意到你的心念漂移了（而这非常有可能会反复地发生），每次注意到心念去了哪里，然后轻柔地把注意力带回到呼吸上，并继续关注每次呼吸时躯体感觉的变化模式上。

9. 尽你所能，把一分善意带入觉知，或许可以把心念的反复漂移看做一个机会，去培育对自身更大的耐心，以及对自身体验的一些慈悲。

10. 继续练习到 10 分钟，或者如果你愿意更长的时间，或许可以时时地提醒你，这里的意图仅仅是对每时每刻的体验保持觉知，尽你所能，当你注意到心念已经漂移，而不再与腹部或呼吸接触的时候，把呼吸作为一个锚，温和地重新联结此地此时。

想想，在世界的某些地方，在每一天里，这个把注意力集中于呼吸的简单练习，已经被追随了至少 2500 年，这是多么了不起和鼓舞人心。它为冥想练习提供了一个很好的基础。无论我们到哪儿，我们的呼吸都跟随着我们（我们无法不带着它出门！）；无论我们在做什么，感觉或体验到什么，它永远在那里，可以来把我们的注意力重新与当下联结起来。

学着去把注意力一再地集中到我们的呼吸上，为我们提供了一个很好的学习全然在当下存在的方法，在当下、此地、此刻、在一瞬间里、在任何时间里，无论"此地此时"向我们呈现的是什么。因为我们只能在此刻对呼吸的运动加以关注，关注呼吸把我们保持在当下，并为我们提供了一个至关重要的锚，当我们意识到心念漂移到"彼时彼地"的时候，可以把我们与此地此时重新联结起来。

让心念被思维、情感、躯体感觉或外在的分心之物所拉走的时候，要把觉知保持集中在呼吸上并非易事。但当我们能够把心念的这份变化当做只是"头脑的份内之事"的时候——就如同水面上的波浪，这样就会少一点抗争。当我们把这些"头脑的波浪"看做自然和不可避免的时候，那么注意力的来来去去正可以被看做练习的核心，而不是疏忽、偏差或分心。因为这样的来来去去正可以教会我们，当陷入行动模式中的时候，如何从行动中抽身，并沉浸于存在中。再说一遍，这一切都是关乎觉知本身。

发现意料之外的平静

在第一次尝试关注呼吸的时候，文斯发现这对他起到一种美妙的安静作用。他的头脑安稳下来，他感觉到比往常这些年来更加安静。他决定要养成在工作午餐期间重复这样的练习的习惯。每天，他关着门，在办公室里聆听他的冥想CD。不仅是文斯，而且，更广大的世界都注意到了这个差异。

"有一段时间了，我压力重重的样子让我老板担心"，他回想道，"当她看到我的时候，会说：'你还好吗？你感觉还可以吗？'而现在，自从开始在工作午餐时做这些练习的时候，我感到放松了很多。昨天午餐时间里，当我把门打开，重新开始工作的时候，老板在门边探进头来，问我感觉如何。我说感觉还好。'我想告诉你'，她说，'不计其数的人因为有事来我办公室，都会说'文斯在下午看上去快活多了'。"

"我在工作中与很多人打交道，需要与他们商量各种事情。他们注意到我在下午的时候，变得更加轻松和快乐了。我对此感觉很好，因为我觉得在午餐后似乎'回来'了，但我没有意识到这实际上是一种'走出'。我知道我感觉如何，但没意识到别的所有人也注意到了。"

那么文斯注意到了什么不同呢？

"我注意到，如果我在与某个人或一群人对话时开始感到紧张，我可以觉察我的呼吸，但照样可以把对话进行下去。就如同我们此刻在讲话一样，如果我感觉到紧张，我就可以把呼吸带入到我的觉知中；呼吸就在此地；而它可以帮助我平静下来。"

文斯并非想在工作中变成一个更加友好的人或者给人留下更好的印象。这似乎是他在午餐时抽出点时间来安静地坐下，并关注于呼吸的副产品。在这些正式的正念练习期间，他体验到了一些非常重要的东西；那就是，我们一旦放下自己拥有特定的感受的努力时，我们的心念本身就具有安静下来的倾向。他发现这个简单的练习开始让他能够在别的时间里以不同的方式处理事情，能够带着意图地去回应（respond），而非自动地去反应（react）。他一直在学习"让头脑安静下来"和"试图去迫使它安静下来"的区别。

在过去几年里，还有其他人无数次地重新发现了文斯所体验到的头脑自己安静下来的能力。它有着两个重大的意义。其一，它给了我们一个善巧而有效的方法，可以让我们的心智在这种自然、

> 正念冥想允许我们对此刻做出有创造性的回应，把我们从启动沉思循环的膝跳反应中释放出来。

可能还不熟悉的状况中安静下来。其二，它显示我们每个人都拥有并获至一种令我们内心安宁的能力。我们无须去做任何特殊的事情去达到或者配得上头脑的这种特别的状态——我们所要做的就是停止妨碍自己，停止搅动头脑并让它混浊。令人惊奇的是，我们每个人所具有的这份内心的宁静和快乐并非仰赖于生活带给我们的幸运和不幸。一旦我们拥有了一种可靠的方法，这份宁静和快乐永远会在那里等着我们去触及。当我们面对生活中不可避免的起起伏伏、快乐和痛苦时，这可以带来更大的平和与喜悦。这与体验到内在和真实的快乐的能力接近——为你自己和他人——并不完全有赖于事情的进展或者得到我们想要的结果。要牢记这份内在的能力并与之联结，并不容易。那需要某种训练。

应对漂移的心念

卡特里娜变得有点沮丧。她本来希望呼吸冥想可以给她带来平和，并从忙碌的头脑中逃离，但事情并非如此。"我想着成百上千的事情，"她汇报道，"很难让我停止进入未来，想一些事情。我试图去控制它，可能有两分钟的效果，但接着我又开始了。"

　　结果，卡特里娜陷入了心念头脑的战争中，这是冥想练习最常见的早期反应。放下我们对习惯所驱使的行动模式的执著可能让我们觉得既不熟悉又颇不自然。我们是如此习惯于生活的快节奏和忙碌，以至于当我们刻意地让事情慢下来，让自己去只关注一样东西的时候，我们的内心里会有些抵抗。当我们开始一段时间的正式练习后，或躺或坐，迟早——通常是很快——我们会发现我们的心智似乎有着它自己的生命，无论我们如何下定决心要让它集中关注于呼吸或其他的物体上，它都会漂移到各种念头中，通常是有关未来或者过去的。

　　心智这种漂移倾向是完全正常的。我们的思维似乎可以无穷尽地繁殖，并不意味着我们没有能力冥想，哪怕在一开始发现心智的这种属性的时候，我们会觉得灰心。事实上，认识到我们自己的思维流不断变化的本性，以及我们的注意力有多么多变，正标志着冥想性觉知的开始。同样，面对无法止息的念头，我们很容易就变得不安起来，觉得我们一定做错了什么事情。我们可能会告诉自己似乎没有什么有用或有趣的事情在发生；心念只是无控制地漂移着，哪怕我们坚持着把它一次又一次地带回到呼吸时身体的感觉，或者带到任何我们注意力所关注的首要目标上。"多么无聊啊。"头脑对自己说。

　　当念头漂移到这里、那里和所有地方的时候，很自然地会觉得冥想工作被打断了。然而，恰恰是在这种时候，冥想练习变得真实有趣而至关重要起来。心念漂移的每一个瞬间都为我们提供了一个机会，让我们对重新滑入（或已经滑入）存在模式而回到行动模式的时候有更好的觉察。它让我们在那些时刻里，那些裹挟着我们的思维、情感和躯体感觉更加有觉知。令人高兴的是，这样的情形经常发生，让我们有无数的机会去见证行为模式的渗透力，可能会比从前更清晰地来看待之，虽然有时候可能令人不适。这些情形也能提供我们关键的、有价值的机会，去培育从行为模式中释放自己、重回正念模式的技能。

　　这是为什么正念呼吸的练习指导会鼓励我们，当我们注意到觉知已经不再在呼吸上的时候，我们首先应该祝贺自己。就在那个瞬间里，很快地注意我们头脑中有什么，并对正在发生的加以命名（如"思考，思考""计划，计划"或者"担忧，担忧"）可以非常地有帮助。无论想法或冲动的内容是什么，任务是一样的——去注意到此刻我们头脑里有什么，并温柔地把它带回到我们对呼吸的觉知上，重新与吸气或呼气保持接触，无论觉知回来的时候，是在吸气上还是在呼气上。

此时，我们可能发现自己会严厉地评判我们的体验，因为我们感到如此困扰或我们的努力是如此受挫。我们可能会对自己说："为什么我不能做得更好？"在这种时刻，如果我们能够记得把善意带到这份觉知中，了解到这些自我责备和评判的想法及情感只是想法和情感，就如同别的一样，就是心智的古老的、根深蒂固的天气模式，没有什么特别的重要性或者意义。它们也并不准确。但可以把它们的存在看做为我们提供了多重机会，并提醒我们要把耐心、温和的接纳、开放融入我们的体验中。为什么不这样做呢，既然我们的体验已经如此？因为我们不喜欢现状，因而对我们自己苛刻，而这会徒增负担，并非如此需要。如果不能以这种方式把我们的评判保持在觉知中，可能恰恰是妨碍我们此刻明察事理、接纳事情本相的原因。

把发现变成期待

就如同别的任何事情一样，冥想很容易就会被行为模式的心智所采用。可能在有几次体验到头脑的混乱会自己安静下来之后，我们会发现希望每一次坐下来冥想的时候都会这样。如果有某次我们不觉得这般安稳的话，我们可能会觉得失望和受挫。在某种程度上，我们可能知道把我们的期待放置一边可能更有效，但我们还是忍不住地问自己，如果我们上一次体会到了某种程度的安静，现在为什么不呢？不知不觉地，我们在冥想练习中也变得有目标取向了。最终，我们会越发觉得在冥想练习上没有任何进展，我们又回到了起点。

"有时候，我会对此变得很烦躁，"保拉说，"我在下班回家后冥想。通常会对这一切感觉很好，但有时我会变得不安，你知道，我会变得非常烦躁。"

保拉身上究竟发生了什么呢？当然，首先，是不安本身。这是伴随着一种内在"感觉的"一组躯体感受。但接着又有别的额外的事情发生了：烦躁。当它浮上来的时候，她是如何应对的呢？"我试着顺其自然，做我们正在做的事情——回到呼吸上来。你知道，有时挺好的，但很快我又会觉得不安和烦躁起来了。"

烦躁与受挫紧密相关，当期待或目标受阻的时候，受挫感就会升起。保拉的目标是哪里来的呢？

"它的某些部分令人感觉很棒，"她这样谈到她的练习，"我很快就会进入状态，就好像我真的在这里，但在别的时候，我可以感觉到不安。"

保拉没有意识到，在练习的时候她就把"感觉良好"设为了自己的目标。我们在某些时候会有我们"抓到它了"的感觉，"这"一定是我应该真正感觉到的，可能在别的时刻还会觉得我们"失去它"，而这个时刻很有可能就是下一刻。这也是冥想练习开始时常见的体验，一点都不是问题，特别是如果我们对它有觉知，并且对行动模式无尽的举措会心一笑。一旦我们感觉到平和，哪怕是练习中体验到极为短暂的一瞬间，行动模式寻找目标的习惯性倾向就会自然地启动，并会期待或希望我们在下一个瞬间里或是下一次练习时，再次拥有同样的体验。而如果那个体验并不如我们所期待的那样重复的话，我们是多么容易感觉到失望和不安啊。而且，哪怕我们认识到了期望和不安，我们还是很容易对自己会感到不安很苛刻。评判性头脑无止境地打着转，而且远离了对事物本相的那份接纳。当我们对冥想制造出无尽的幻想和理想化的时候，我们甚至有可能会认为有经验的冥想者永远不会觉得不安。

所以如果任何时刻烦躁升起，不去走评判和幻想之路，而只是去把它作为

> 有意识地确认心念漂移可以提醒我们，我们已经把注意力重新回到此刻了，并可以更容易地放下严厉评判自己没有"做对它"的倾向。

"烦躁"注意到，以这种方式来给它贴标签，以确认它的本相，这可能是有益的。接着，我们可以温和地把注意力重新带回到呼吸上。

"我们应该感觉到什么"这样的期待

会习惯性地、自动地抬起它古老而熟悉的头，有时，当我们没有察觉到的时候，会令我们感到受挫。此时的挑战在于去带着如老熟人般的友善的兴趣去注意到"能够、应该、将会、应当"这些想法。我们可以简单地认识到它们是"思考"或"评判"或"责备"，并让注意力重新回到呼吸上。

随着时间过去，我们会对这些受目标驱使的状态愈发地熟悉起来，而不再把它们当做敌人或者妨碍。虽然那种挣扎的感觉依旧会光顾，可以令人绝望，渐渐地，我们认识到这样的伎俩越来越多地变成了一种友善的提醒，让我们认识到行动模式对我们的生活，甚至是我们的想法、情感和动机都会产生多么大的力量。与其把它当作绝望的原因，这种目标驱使的、评判性的信纸状态更可以被当做一条线索，提醒我们，陷入"到达某处"或者"要有进展"这样的困难的情绪中是多么容易。这如我们第 2 章中所描述的——最终学着去把想法和情感当做想法和情感来看待的方法——并且逐渐认识到它们既非特别准确也非特别有帮助（见专栏 4-3）。

专栏 4-3　如果你发现，为了心念的漂移而感到受挫……

提醒自己心念漂移只是行动模式在工作；

认识到这一点的瞬间，本身就是正念的瞬间。

如果你发现自己感到

"到现在我应该更擅长于此"……

提醒自己

去注意到"能够、应该、将会、应当"等的念头——这个评判的头脑——并回到呼吸。

如果你发现你在试图控制呼吸……

提醒自己，让呼吸自在地呼吸

接纳心念漂移并重新开始

当练习正念的时候，很容易就会落入到行动心态中，并觉得冥想就是"什么都没做"或者觉得我们"做错了"。在这样的时刻，提醒我们培育对呼吸的正念，或者对任何别的物体的关注，从根本上来说就是每当我们陷入心念漂移中，受它裹挟的时候，就重新开始。

"我能看到我的心念的漂移，"文斯说，"在我意识到正发生着什么的时候，这种漂移会持续一些时间。以前我会生气，并因此感到受挫。现在我注意到心念漂移是司空见惯的。

> 重新开始并不意味着我们犯了错误。这是练习的核心，而不是偏差。

"现在我倾向于让思绪漂过去，如果我能够把自己重新带回来，哪怕那么一点点，那些想法就不会让我那么困扰了。它们曾经是非常紧张的，而现在它们就好像是在四处飘荡。"

文斯学会了注意到心念的漂移以及把注意力重新带回到呼吸上，而不再跟自己过不去。对于他的注意力习惯于被各种想法所劫持这个事实，不再变得那般沮丧了。学会去见证这整个过程，而不去自动地反应，让他得以更好地重新集中在呼吸的感觉上，而不陷入自我评判中。

练习中大部分的挣扎就发生在我们已经回到此刻，并意识到心念漂移的时候。但这个时刻也是一个重要的学习机会。经由反复的练习，我们一再地看到每一次吸气都是崭新的开始，每一次呼气都是全然的放下。我们开始看到心智从一个模式到另一个模式的转换，几乎可以在瞬间发生。这样，练习总是能给我们重新开始的机会，在此刻，与这一口呼吸。如果在正式练习中，我们的心念漂移 100 次，我们就怀着好心致，去把它带回来 100 次。这正是文斯所报告的体验。

最终，我们可能会看到这个练习实际上是要求我们：去认识和接纳我们的心智确实有它自己的生命，并且不可避免地，它会从我们预设的目标上漂移——在这里这个目标是呼吸。我们可能会看到，每次出现漂移，并意识到的时候我们可以温和地把注意力重新带回到呼吸上。最终，我们可以看到我们可以以一种轻松、温和的觉知去触摸一切，包括漂移的心念，以及它的强迫观念和抗争。就是那样。而那已然是很多了，可能那就是一切。我们可能开始认识到那些最挣扎的时刻可以是学到最多东西的时刻。哪怕我们在挣扎中，在重新开始的那个时刻，我们可能会体验到转瞬即逝的欣喜，仿佛是回家或者与老友重逢。这样的体验可以唤醒我们的好奇和冒险感，当有一部分的我们感觉想要放弃的时候，让我们继续坚持练习。

顺其自然，放弃控制

苏珊娜发现难以在集中于呼吸时不去想控制它："我发现我想去控制我的呼吸，让它慢一些。整个时间里，我都在想它是否正确。我觉得它不像是自然的呼吸。"

在冥想练习的早期试图去控制呼吸并非罕见。但还是一句话，身体自己知道如何呼吸，一切都会好好的。事实上，呼吸对自己要做的事情做得很完美……直到思考、怀疑、力争的心念开始卷入。接着我们会觉得要让自己放松，放下我们对事物"应该如此"的期待是多么困难。我们难以信任它，随它去，它会自己理清一切的。

最终苏珊娜认识到她无须试图去让呼吸慢下来，她需做的没有任何不同——事实上，她什么都不用做。她开始关注于与呼吸相随的躯体感觉上，而不再试图去控制呼吸以让什么事情发生。

"如今我挺享受它的，"她说，"我曾经有意识地、努力去控制一切：控制这、控制那或者控制呼吸。接着我发现最终更容易的就是让呼吸自然地发生，并当注意力漂移的时候，把它重新带回到呼吸上。如果你没有陷入某种思维模式中，它就会变得容易些。"

练习呼吸正念的时候，没有什么特别的状态需要去达成——只是允许每个时刻里的体验如实存在，而不需要它是别的任何样子的。换句话来说，就是去觉知，并安住于觉知中。

一口一口地呼吸：只有此刻

集中于对一个接着一个的呼吸的感觉，教会我们如何在某个时间里去关照一件事情，以及在某个时间里就存在于那个瞬间里。在日常生活中，我们碰到令我们倾向于预期未来的很多处境。就好像面对一堆被装卸到屋后，如今要搬到屋前来的木头。如果我们看着整个一堆，我们的心会发沉，能量不支，电视突然变得前所未有地吸引人。但我们也知道，如果我们能够关注于此刻可以搬动的一根木头，并予以我们全部的关注，然后再去搬下一根的话，突然之间，这份差事变得可行多了。这里的关键并非自欺，去假装这堆木头并不大，而是去探索进入另一种心智模式的可能性，在这种模式中，我们关注此刻的质量，而并不是去预期最终我们会觉得有多么精疲力竭。

这种"大堆木头"的效用可以被应用到我们生活的很多方面。我们常常集中于我们须得去做的所有事情上，让自己感觉疲惫不堪，而不只是想到这一天，而是想着前头的一个星期或者一个月。我们背负着无须背负的负担。当我们刻意地只与此刻、与我们现在面前的所保持接触的话，我们会有足够的精力，得以让我们去完成此刻的任务。

▢ 正念行走

本书中所描写的几乎所有练习都包括有意地把注意力关注到此刻当下、我们体验的某个方面上。这些练习就是这样在我们培育正念觉知的时候帮助我们令心智安稳下来。确实，任何时候，当我们想要以更大的明晰和觉知与我们的体验相连时，心智的一定程度的安稳都是基本的。但有些时候，我们的心智可能太过烦躁或者受驱使，以至于当身体是坐着或者躺着的时候，我们无法有效

地关注呼吸。在这种时候，转向另一个我们熟悉的、同是平常生活体验的一个
方面会是非常有价值的——当我们走路时，身体的感觉。自古以来，正念行走
与正念呼吸都是并用的。它本身就是一个极好的冥想练习。

　　你可能已经熟悉牵涉运动的冥想，譬如正念行走，可以令我们的心理模式
从一个转换到另一个。太极、气功和哈他瑜伽都是运动冥想。当你陷在某种恶
性的心理循环中，想要找出一个创造性的想法的时候，可能去遛狗或出去跑步
是一个很好的"让头脑清醒"的方法。或者，你可能会回想起在周末的舞会上，
你在那个瞬间感觉到充满活力，把过去一个星期积压起来的所有的负担都释放
了。或者，可能你就是知道当你不安的时候去做些体力活动，会帮助你"冷静
下来"，并避免陷在无尽的沉思中。当我们带着觉知和注意力作出有意的转换的
时候，所有这些体力活动本身都可能是正念练习。在下面的练习中，我们可以
看到，行走冥想可以是在运动中培育正念的强有力的方法。

　　有很多种不同的练习正念行走的方法，我们的注意力也可以安放在不同的
地方，当它漂移的时候，也可以回到不同的地方。一个方法是把注意力集中于
行走中双脚移动时的感觉上，特别是在双脚与地板或地面接触的瞬间。在阅读
完专栏 4-4 中这些导语后，你可能现在就想要花些时间去做这个练习，或者你
想在另一个时间里尝试。

专栏 4-4　正念行走

　　1. 找到一条你可以来回走动的走道（室内或室外），这个地方需要有足够的
保护，你的头脑里不会老想着别人会看着你做着他们（甚至一开始时你自己）可
能觉得奇怪的事情。

　　2. 站在走道的一头，双脚平行，与身体同宽，你的膝盖"不要锁住"以便
它们可以微微地弯曲。让你的手臂轻垂于身体两侧，或者在身前或身后轻握着
双手。让你的目光温和地往前方看。

3. 把觉知聚焦于你的双脚底，直接感受你的双脚触及地面时，以及你的体重经由你的腿和脚传递到地面时的躯体感觉。你可能会发现微屈你的膝盖几次，可能有助于你对脚和腿具有更清晰的感觉。

4. 把左脚跟慢慢地从地面提起，这样做的时候，注意到你的小腿肌肉的感觉，继续轻轻地提起整个左脚，并把体重整个地转移到右腿上。当你小心地向前移动你的左脚跟并接触地面的时候，把觉知带到左脚和左腿的感觉上。一种自然的、小的步幅是最好的。让左脚的其他部分与地面接触，当右脚跟开始离开地面的时候，体验到体重向前转移到左腿和左脚上。

5. 当体重全部转到左腿上的时候，将右脚的其他部分提起来，并慢慢地向前移动，当你这样做的时候，觉察到腿和脚的感觉模式的变化。当右脚接触到地面的时候，把注意力聚焦于右脚跟。当右脚轻放到地面上的时候，注意到现在体重向前转化到整个右脚上，而左脚跟又一次提了起来。

6. 这样，慢慢地从走道的一头走到另一头，当脚底和脚跟接触到地面的时候，觉察到脚底和脚跟的特别的感觉，当腿向前迈的时候，注意到腿的肌肉的感觉。只要合适，你也可以把你的觉知扩展到任何你在意的地方，包括在行走的不同阶段，感觉呼吸，感觉呼吸的出入身体，以及呼吸时身体的感觉。你的觉知也可以包括走路和呼吸时身体作为一个整体的感觉，以及在每一步中，脚和腿的感觉的变化。

7. 当你走到走道一头时，稍事停顿，并对站立保持觉知；然后慢慢地转身，对身体转换方向时的复杂的行为变化保持觉知并感恩，然后继续正念地行走。时不时地，你可能也会注意到，当你的位置变化的时候，你的眼睛正啜饮着、接收着你面前所有的景致。

8. 以这种方式来回地走，尽你努力保持对行走的全部体验的觉知。在每时每刻，体验着行走，包括脚和腿的感觉，以及脚与地面的接触。你的目光保持温和地向前直视。

9. 当你注意到你的心念已经从对行走的体验的觉知中漂移了的时候，温和地把注意力重新带回到所关注的行走的任何一个方面来，将它作为一个锚，把你的头脑带回到身体和行走中来。如果你的头脑十分烦躁，停一会儿，就站在这里，双脚与身体同宽，与呼吸和整个站立着的身体保持接触可能会有帮助，直到身心都重新稳定，然后继续正念行走。

10. 如果你愿意，继续行走 10 到 15 分钟或者更长时间。

11. 开始的时候，以比平常慢的速度去走，这会给你更好的全然觉察行走时感觉的机会。一旦你对带着觉知的缓慢行走感到舒适，你可以试验加速到和平常行走一样或者快于平常行走的速度。如果你感到特别烦躁，你可以先走得快些，带着觉知，当你觉得平和下来的时候，再自然地慢下来。

12. 记着，小步地走。而且你无须看着你的脚。它们知道它们在哪儿。你能够感觉到它们。

13. 尽量多地把正念行走中培育起来的同样的觉知融入你每天正常的行走体验上。当然，如果你是个喜欢跑步的人，你可以把在正念行走中培育起来的同样的关注融入到奔跑中。

▣ 从行走中学习

当我们感到烦躁、无法平和下来，或者当我们再也无法坐直的时候，行走练习可以变得特别有用。在困难时刻里，比起坐姿冥想练习中我们可能感觉到的，行走时的躯体感觉可能更能帮助我们在情绪上安稳下来。正念行走被描述为"动中的冥想"。这里的邀请是，对每一步正念，为走而走，没有任何目的地。目的地或者目标的缺失与我们一再在每一次吸气和呼气开始建立在同样的主题上：它提醒我们，还有与总是以行动为中心的，我们总是要到达某处的心智模式不同的模式。这种在同一走道上简单地、反复地来回走动体现了"无处要去、无事要做、没什么要达成"这个主题。它只是在每一步中，全然地在此刻。

"我喜欢行走冥想，"苏珊娜解释道，"因为当我离开工作的时候，我可以留意到它。我要去接孩子，有时候我会在路上赶着去学校。我常常发现自己跺着脚赶路，因为我有点匆忙，并感到有点压力。如今，有时候我会对此有觉察，我会走得慢一些，你知道，与每一步共呼吸。因此，当我赶到等在路尽头的孩子面前的时候，我很镇静。"

自然，一旦苏珊娜把觉知转移到行走上的时候，她可以带着全部的觉知赶路，甚至跺脚。但让身体慢下来确实帮到了一些忙。有时她发现在出去接孩子之前，在车里坐一会儿，觉察呼吸，都有帮助：

"你最终觉得你的头脑似乎嗖嗖作响，然后就忙乱起来，你知道的，接着你的身体忙得团团转。如果我慢下来，所有一切也都会慢下来，我对正在发生的事情也变得更有觉察了。通常我花 10 秒钟可以到路的尽头的，如今会花 30 或 40 秒，这真是很值得。我是否晚了几秒钟这一点都不要紧。我认为，如果你变得对时间有了觉察，当你需要的时候，一分钟就可以变得非常、非常地长。在车里坐一分钟是值得的。"

苏珊娜的体验显示了我们如何利用任何短暂的时分去变得正念。对她来说，正念行走帮助她去把在家里越发安静的、更加规律的正念练习中所学到的，转化到日常生活的忙碌和喧嚣中。

从无觉知到觉知

在本章开头我们所遇见的那个西藏的新僧，尝试去控制他的心念，先是去把思维清空，然后又让思维占满头脑。聚焦于任何一个目标，并评判他离成功有多近意味着他没法平静。我们练习静坐、关注呼吸或者正念行走是帮助我们变得更加有觉知，而不是一种清除思维或任何别的东西的策略。头脑的明晰和稳定可以是这种觉知以及任事情如实呈现的副产品。但如果我们把一时的平静看做我们进步了多少，把一时的不安看做缺少进展的迹象的话，我们只是在进一步播撒这沮丧和绝望的种子，因为我们是在让行动心智去将我们的"成就"与一些期望的"结果"做比较而已。只要我们还是努力去摆脱不愉快的想法或情感，或是努力去获至头脑的平静的话，我们会继续受挫。

正念练习的意图并非强硬地去控制心智，而是去清晰地看到它健康及有害的模式。它是带着好奇、开放和接纳去接近我们的心智，以便于我们看到等着被发现的事物，并无须很多纠结地与之相处。这样，一点一点地，我们开始从心智的老习惯的掌控中把自己给释放了出来。我们开始直接地、如实地了知我们正在做什么。我们正在开始一种从无觉知到觉知的优美过渡。

知晓的一种不同方式：

绕过反复思考的心

"这真难住我了。"

"我心脏猛跳。"

"关于昨天发生的事情，我都快呕吐了。"

"我心一沉。"

"我心里像是有一只小兔子。"

"我的心都不跳了。"

我们使用这些比喻来描述我们的情绪状态是有正当理由的。身体以及它无限的感觉就是情绪的储存器和信号。快乐、愉悦或者搞笑可能给人带来的感觉都像是有些痒痒的。当然，当我们感到"上升"或者"下沉"的时候我们的心脏不会在身体里来回移动，但一些生理感觉会出现，而那些描述就捕捉到了这些生理感觉。当我们受惊或害怕的时候，心脏也不会停止跳动，但是情绪信号如此强烈，以至于我们可能瞬间感觉好像真是那样。

关键是身体可以告诉我们很多关乎我们情绪的信息，不仅是在感受强烈的时刻，而是所有时刻。但是，我们常常不带有任何智慧地忽略了身体所传达的信息，因为我们太忙于对那些感受做出反应，立刻触发一系列的想法和评判。这里的挑战是，在存在模式之中我们能否真正地对身体正在体验着的那些感觉和感受敞开，并且知晓、善待它们，不管它们是什么样，都去用一种新的接受性去接纳它们，因为它们实际上是我们自己的身体在当下的感觉风景中的一部分。如果我们可以带着这样的开放去倾听，我们会发现有力的新方式，去和任何时刻里的经历在一起，不管那经历是令人愉悦的、令人不快的还是平淡的。

"我感到这个世界的重量都压在我的肩膀上"，有时我们会这样说。我们可能比其他很多人都更熟悉那种感觉，也肯定超过了我们所愿意的程度。这就是我们之中的很多人在抑郁或不快乐时的感受，就好像一个巨大的重担放在了我们的身体上，让每一次正常的行动都变成一次挣扎。在第 1 章中，我们谈论了抑郁症解剖学之中身体的重要性。通过葡萄干练习和正念行走，大概你已经有机会能看到我们可以和我们的直接感觉体验脱离多远的距离，也包括和我们身体传来的各种各样的信息。而当我们对当下时刻的各个方面敞开时，一个丰富的、不同的风景就在那里了，我们扎根于身体本身，不仅是被心智头脑在想法和情绪上的反应带走。

我们讨论过，生理感觉、想法、情绪和行为都是一起起作用，创造出一种抑郁状态的。让我们来看看身体感觉触发消极思考的方式。试想，你已经体验到颇长一段时间的低落了，当你一觉醒来时，你会有什么感觉。大概你注意到的第一件事就是你的身体有多么沉重和疼痛。可能你在一夜的睡眠之后甚至不觉得你休息过了。你的能量水平如此之低，你实际上比你头一天晚上入睡的时候还要更累。可能最近经常是这种情况。

除了有这些感觉体验之外，你还有一些想法拂过脑海之中，比如"我觉得我今天不会完成任何事情"，或者"又要虚度一天"。也许，这些想法会导致你有受挫、悲伤、对自己失望的感受。最终，你尝试起床，但是在努力之后你感到如此沉重和困倦，于是又躺回到床上。可能你尝试摆脱那些想法，让自己不感到无精打采。你肯定不想有这样的感受。你已经受够了这些每天缺乏能量的战斗。我必须起来行动；这对我一点都不好，你可能听到自己这样说。当你终于起来后，随着你让自己忙碌于整天的活动，你无精打采的感受过去了。但是，这些清晨的挣扎就好像是一个越来越沉的负担。

在第 1 章中，我们说过在抑郁症的解剖学中身体的重要性，还有生理感觉、想法、感受和行为都一起起作用，创造出一种抑郁的状态。如果我们在刚刚的那个故事中更进一步去看一看发生着什么，我们就会看到，这个清晨开始于身体的行动缓慢，然后是关于这一行动缓慢的想法以及情绪反应。这些情绪在身体里的效果只会加重身体沉重的感觉。这个故事说明，我们是多么容易就陷进了一个循环：我们关于我们身体感觉的想法能够把我们拖进抑郁之中。

但是，如果我们只是把自己向直接感觉体验的全景敞开，而不是简单地被心智在想法和情绪上的反应带走，会怎么样？我们已经看到，当我们在当下带着正念来注意我们的感觉时，那些从感觉传来的信息好像带着新的维度——吃一颗葡萄干怎能变成一种新奇的感觉，甚至是有声有色的体验？而行走本身又怎么看起来是一种机械构造的、有形的、运动的奇迹？如果我们可以变得直接知晓感觉和感受，善待我们自己身体的感觉风景，我们就会有一种新的有力的方式去体验，和每一个瞬间都有一种更智慧的联结，包括我们醒过来的瞬间，不管那一瞬间我们的体验是令人愉快的、令人不快的还是平淡的。在本章中，我们会更深地挖掘身体感觉的正念，特别关注于正念给我们提供的新的可能性——知晓身体，避免那些我们平时给自己设下陷阱的思考习惯。

通过直接经验而非思考获得的感觉

不幸福循环运转的机械装置可以有如此流畅的工作，以至于我们甚至不会探测到它的工作，但是，那并不意味着这架装置是一辆不可阻止的巨型卡车。每一条使机器工作着的链条——身体与想法之间的、想法和感受之间的、感受与身体之间的，等等——都是更改序列的机会。这一循环可以被打破，仅仅是因为我们把正念觉知带入链条之中，特别是带到身体之中。这可能令人难以置信，而真相是，唯一能够去确认的方法就是通过你自己的经验。如果现在，你认为你已经觉察到了疲惫（事实上，要意识到它），那么回忆第 2 章和第 3 章中的主题就是很有用的。也就是说，正念并不是要有更多的注意力，而是要有一种截然不同的更智慧的注意力。

我们看到过，在行动模式中我们只是间接地通过我们的思考和贴标签的面纱看世界。如果我们用寻常的方法去思考我们的身体（从我们的头脑的角度），那么，一旦我们醒来时感到无精打采，我们的心里就会充满了关于身体、生活以及一切的想法。这种注意的方式只会让事情变得更糟。反而，如果我们开始从存在模式的角度关注我们的身体，我们就为身体本身打开了一个直接感觉的通道。每时每刻，我们现在可以用一种新的方式对身体感觉有所觉察，这种方式不会让我们如此执著于我们在身体之中有何感受的想法。这会帮助那种行动缓慢的感觉扩散或消失，就像蒸腾着的雾。我们不一定要让它们消失。或早或晚，我们甚至都没有意识到，它们最终自己褪去，因为我们再也没有用无尽的消极思考去喂养它们了。在这个过程中，我们从想法带来的无力感转变为拥有实际的方法与之联结，与任何出现的事物联结。

> 对于身体感觉，当我们的心出于本能地用关于身体的主意来回应时，反复思考的阶段就要开始了。正念提供了另一种不同的方式来知晓我们的身体，这种方式不会让我们受困。

正念涉及的是安住于纯然的觉知本身，它和想法与感受之间的区别，就像是天空和经过天空的云朵、鸟以及气象模式之间的不同。它是一个更大的容器，在这里，所有的心智和身体事件都在展开。它是一种不同的知晓方式，一种不同的存在方式，一种我们每个人都已经有的能力，一种作为人类内在固有的能力。我们能够学会去信任它。我们可以在这种知晓和存在的方式中，练习更多地安于觉知。我们甚至会发现，觉知本身就为生活中的压力和紧张提供了某种庇护之地，让我们从行动模式以及悬浮在我们上空的抑郁之云的习惯性恶循环之中释放。

正如我们所说过的，行动模式和它带来的思考模式倾向于掩盖存在模式的经验性品质。因此，正念训练涉及广泛的练习，让我们每时每刻地联结到正在展现的生命的直接经验。开始以这种新的存在方式培育正念，对身体而言是非常好的开端。原初的身体感觉的生理特征提供了一个理想的基础，发展一种用于知晓的新的更直接的、体验性的感觉通道。

很奇妙的是，我们能够在任何时刻、任何情况下将正念带入我们身体的体验中。我们甚至可以从此时此地坐在这里开始，仅通过下面的这个简单的实验即可。

选择一个身体部位，思考它一小会儿。比如，我们关注双手，思考着双手而不用去看它。一般来说，当我们思考我们的双手时，我们在心里有的关于手的图像就像是我们一般去看它们那样——从我们头脑之眼的视角出发，就好像我们是头脑中的观察者。我们知道，双手在哪里，它们看起来什么样子，但是我们却和它们有一点分离了。我们发现自己关于我们的双手有很多想法。我们可能喜欢或不喜欢双手的形状，我们可能发现自己将自己的手或指甲和朋友的手进行比较，想着双手正在衰老。但如果我们以一种不同的方式接近我们的手，会怎么样（见专栏5-1）？

专栏5-1　正念觉知双手

首先，尽你所能地，把你的注意力带入双手之中，不管双手在当下这一刻是什么姿势，不需要去看它们。让你的觉知充满你的双手，从里到外，从骨头一直到皮肤、指甲。在觉知中对所有手指、指尖上存在的感觉敞开，感觉着手指之间和周围的空气，感受着手背和手心的感觉，还有大拇指、手腕。并且，对于触碰的感觉敞开，不管手在哪里和一种物体有所接触，比如，如果你盘坐着或坐在椅子上、垫子上的话，你的双手放在膝盖上的触觉。留意到温度和质感的元素，任何硬或软、凉或暖的感觉——不管那里是什么。

现在，把你的双手移至你正在坐着的椅子上，温和地用你的指尖触碰椅子的边缘，非常轻地，保持对手指的感觉的觉知。现在，抓握着椅子的边缘，注意着你正在抓握的部位身体里的生理感觉。把觉知带入到手指和手中，直接地感觉和椅子之间的接触，在抓握的部位手指感到的压力，带着觉知去探索手指和椅子之间的实际接触。感受着肌肉的紧张，也许有凉意或刺痒，或其他感觉的流动。现在，只是缓慢地，保持对双手的觉知，看一看肌肉中有没有什么变化，暂停一小会儿，感受此时此刻你的双手之中正在发生着什么。

从这一个小小的练习中，你有没有留意到思考你的双手和直接感觉它们之间的区别？直接去感觉的一个特征是，从你手中而来的感受可能并不是“手的形状”——我们可以简单地从不同的感觉模式中体验我们的手：压力、暖或凉、刺痒或麻木。

对身体进行思考以及直接体验身体的感觉，二者之间的区别是至关重要的。我们常常从头脑中的一个高耸的根据地来看待我们的身体。我们向下看我们的身体（既是比喻也是事实），然后想“哦，是，那里有点疼，那里有点痒——我必须对它做点什么”。但是，有一种不同的可能性在那里。我们可以学习把我们的心直接带到身体里，带着觉知，栖息在身体的整体之中。

我们能从直接身体经验中学到什么？

让我们看看南希进行这个实验的经历。在练习的第一部分，南希能很容易地获得一幅关于她的手是什么样子的图像——她最近一直在想她看起来有点黯淡无光，她还注意到了她的双手开始显得很衰老。关于她双手的思考把她带回到记忆中，她记起她妈妈的双手——在南希还是个孩子的时候，那双手如此强壮有力。而多年以后，当南希照顾妈妈的时候，那双手看起来很衰老无力。已经过去了 20 年。现在，轮到南希有一双衰老的双手，她感到生命一晃即逝。思考和回忆，这些用行动模式来知晓的方式，已经把南希从她当下体验的即刻性带走了一定的距离。

在实验的第二部分，南希发现自己直接地关注着双手的感觉。她注意到手指上有一些刺痒的感觉，尽管最开始她又开始纳闷自己是不是有什么血液循环的问题，但她还是能够让思绪回来，简单地关注着感觉。她注意到，刺痒感褪去了，她的双手现在感到很温暖——但是随着她注意着那些感觉，温暖的感觉也是来了又走了。当她触摸椅子的时候，她感觉到了金属的冰凉，随着她抓握椅子，感觉到轻微的麻木。她变得相当专心，注意着这些从手中流出的感觉，而没有去感受双手的形状——这对她来说是一份全新的体验。在练习的最后，她意识到，她的注意变得相当集中，很少走神。她直接感觉身体时的注意聚焦好像短暂地削弱了她脑海中的喋喋不休的声音。存在模式的直接经验式知晓意味着她能够贴近她即刻的纯然的体验，而不太可能被想法带走。

> 直接的身体感觉会调高身体传来信息的音量，调低心中杂念的音量。

南希学到了什么？她在探索着，那里有她能够去关注并知晓自己的不同方式。如果她以她自己惯常的方式去思考身体，她的心中会充满了想法和概念还有所有其他的联想。现在，她看到，她能够关注身体或者身体的任何一部分，而这种关注是以直接体验到的感觉的方式。尽管她并不知道，她已经在这个实验展开的过程中把她的心智模式从行动模式中转变。

这种转变对我们之中的那些在慢性不快乐之中挣扎的人来说是尤其重要的，因为对我们来说，快速跳跃并迅速占据我们的想法常常是消极和自我批评的，并且，它们会把我们拉入抑郁之中。带着全然的觉知，不屈服于关于身体的想法的拉力而栖息在身体之中，这份体验能引领我们在与自己身体的联结之中发生一种根本的解放式的改变——说得更宽泛一些，改变我们与生命的联结。

随着时间和练习的积累，这个把正念带入我们双手的小练习可以被我们扩展到整个身体。在这个过程中，我们会看到我们注意力的一个明显的转变，不再过多地从我们的头脑中活出我们的生命，而是让我们的觉知安住在整个身体之中。在我们的正念训练课程中，我们通过一个被称为"身体扫描"的冥想练习来开始培育这种转变。

▢ 身体扫描

身体扫描是我们在正念课程的第一次会面中介绍的一个躺卧式冥想练习，介绍之后我们会让人们自己在家每天练习，持续至少两周，使用录音带或者音频中的指导语。身体扫描引导我们去直接地、系统性地依次关注身体的每一个部位。它鼓励我们在当下的时刻与身体建立一种更加好奇的、亲密的和友好的联结。有时候，这样去把注意力带到身体的各个不同部位是很有挑战性的。因此，我们使用呼吸来把觉知"携带"到身体的每一个部分中，去想象或者感觉，呼吸实际上透过身体在移动，随着我们关注身体的那些部位，带着一种直接的经验性的感觉和知晓。

你可能想现在就做这个练习（见专栏 5-2），可以使用音频中的指导语（第 2 轨）。或许你现在不能立刻去做，因此，你可能想以后再做。

━━━

专栏 5-2　身体扫描冥想

1. 让你自己舒服地平躺在一个你会感到温暖而不被打扰的地方。你可以躺在一张垫子上，或者地板上，或者躺在你的床上。慢慢地闭上你的眼睛。

2. 花上一点时间去联结到你的呼吸的运动以及身体里的感觉。当你准备好的时候，把你的觉知带入身体里的生理感觉中，尤其是在你的身体和地板或床接触的位置，觉知那触碰或压力带来的感觉。在每一次呼气中，让你自己更深一点地陷入垫子或者床之中。

3. 为了设定好正确的意愿，提醒你自己这段时间是为了"保持清醒"，而不是要去睡着。也提醒你自己这里的思想是对于正在展开着的体验保持觉知，不管那些体验是什么。要去改变你的感受，也不是要让你变得更放松、更冷静。这个练习的目的是，随着你系统地依次把注意力关注在身体的每一个部位，把觉知带入任何你能够觉知到的感觉（也许是缺乏感觉）。

4. 现在，把你的觉知带到你腹部的感觉，觉察到腹壁随着呼吸进入和离开身体带来的感觉的变化。花几分钟去感受，当你吸气和呼气的时候腹部一起一伏的感觉。

5. 联结到腹部的感觉之后，把注意力，或者说是你觉知的聚光灯放在左腿上，来到左脚，然后一直来到左脚趾。依次关注每一根脚趾，带着一份温和的、好奇的、慈爱的注意，和你发现的感觉在一起，探索它，也许留意着脚趾之间的接触，一种刺痒、温暖，也许是麻木的感觉，不管这里是什么，也许甚至是完全没有任何感觉，这些都是可以的。事实上，不管你体验着什么都是可以的。它们就存在于此时此地。

6. 当你准备好了，在一次吸气中，感受或想象呼吸进入你的肺部，然后一直经过你的身体，经过你的左腿，来到你的左脚的脚趾。在一次呼气中，感受或想象呼吸从脚趾和脚一路向上回到你的腿、躯干、从鼻子离开。尽你所能地，继续这样做几次呼吸，向下吸入到你的脚趾，再在呼气中从脚趾呼出来。要掌握这个诀窍可能会很难，那就去尽你所能地练习这种"呼吸进入"，好像玩耍着去接近它。

7. 现在，当你准备好的时候，在一次呼气中，放下你的脚趾，把你的觉知带到你的左脚脚底上——为脚底板、脚内侧和脚跟带入一种温和的探索性的觉知（比如，留意脚跟和垫子或床接触的感觉）。去实验和任何感觉"共同呼吸"——在背景中觉知到呼吸，随着你在前景中探索着脚底的感觉。

8. 现在，让觉知蔓延到脚的其他部位——脚踝、脚面，一直到骨头和关节。然后，做一个更深的、更有目的的吸气，将呼吸导向整个左脚，随着呼气，完全地放下左脚，让觉知的焦点移动到左小腿——依次为腿肚、胫骨、膝盖等。

9. 继续扫描身体，依次在身体的每个部位停留一会儿——腹股沟、生殖器官、胯部、臀部，后腰和腹部，背部和胸部还有肩膀。然后，我们来到双手，一般是同时扫描两只手。我们先安住于两只手的感觉，依次是手指和大拇指、手心和手背、手腕、小臂和肘部、大臂；再一次回到肩膀和腋窝、脖子、脸（下巴、嘴、嘴唇、鼻子、脸颊、耳朵、眼睛、前额），然后是整个头部。

10. 当你在身体的某一个特定部位觉察到紧张或其他强烈的感觉，你可以同样把呼吸带入这些感觉之中，就像你在其他部位所做的一样。使用吸气，温和地把觉知直接带入感觉中，并尽你所能地感觉在那个区域发生着什么，如果有的话，然后在一次呼气中放下并释放。

11. 不可避免地，从这一刻到下一刻，心会从呼吸和身体上游离。这完全是正常的。那就是心智会做的事。一旦你留意到它，就温和地承认它，注意到心又去了哪里，然后温和地把注意力再次带回到你想要去关注的身体部位上。

12. 在你以这种方式扫描完整个身体之后，花上几分钟觉察身体作为一个整体，觉察呼吸自由地流动，进入并离开身体。

13. 提醒你这一点也是非常重要的，如果你和大部分现代人一样受苦于低水平慢性失眠，由于身体扫描是躺着完成的，你就会非常容易睡着。如果你发现自己睡着，你可能会发现这样做很有帮助：把头部用枕头垫高，张开眼睛，或者坐着做练习而不是躺着。

一个放松式的冥想

正如我们在身体扫描的练习中所见，这个练习的要点是如实地觉察你的身体。它并不是要到达一种放松的状态。但是，深度的放松状态常常会因此而出现，因此人们有时发现自己快睡着了。如果这样的事发生了，当然我们常常会责怪自己没有保持清醒，用一种自我批评的态度去加剧我们的痛苦。或者，我们可以去做的是，看看如果睁着眼睛，或者坐着练习而非躺着会不会有不同，还可以在当天的一个不同的时间去练习。我们还可以从内在去探索困倦的感受是什么。用所有这些不同的方式，我们渐渐会学会如何在躺卧时冥想的练习中保持清醒，不管我们有多么放松，或者有多么不能放松。

简发现她在身体扫描中会感到如此放松，身体的感觉给她一种漂浮的印象：

"到最后，我是如此放松，就好像我的四肢和躯干都再也不是真实的了。我知道这可能听起来很奇怪，但它是很美好的感受。我认为我的心可能跳得慢了很多。我只是感到我的整个身体好像完全放慢了。"

简还说，进入心的那个不被思考所主导的水平，成为一种十足的释然。她说，她能在身体扫描中放下所有心中杂念，而寻找到根本的淡然。

为什么我们会发现这个练习有放松的效果，即使我们没有尝试有目的地去放松。身体扫描，就像第 4 章中描述的呼吸冥想一样，邀请我们在任一时刻关注到我们整个经验中一个相对较窄的方面。而且，它让我们在一段相当长的时间内，有系统地从身体的一个注意力焦点转移到另一个。我们可以预期，通过这种基于时间的训练，我们的心会变得更稳定，而作为结果我们就会感到更放松。只要简还是"活在她的头脑中"，只是通过想法而间接地知晓她的体验，那么对她来说就很难全心全意地把注意力放在身体上的任何部位。想法本身是稍纵即逝的，难以持续一段时间，很快就会触发一些联想和回忆，这些都会把我们带去离上一个时刻很远的地方。如果是要稳定和冷静的话，想法不会提供心所需要的聚焦稳定性。相反，当我们培育正念时，通过在任何每一个瞬间之中对身体的特定部位的感觉的细节进行注意，我们就有了一个生动的、可以获得的物体，在每一个瞬间帮助我们锚定注意力，即使随着我们在身体之中的移动，那个注意力的位置也在随着时间而转移。只是这样一次只聚焦于一件事，让简的其他心智安定下来，而她也体验到了冷静的感觉，虽然她并没有去寻求这种冷静。

　　类似地，第 4 章中介绍过的正念的不争的品质也培养着平和与冷静的发展。除了保持清醒，没有其他需要做的，没有任何地方要去，没有什么特殊的状态需要去寻找或者尝试去获得。不管在练习身体扫描时我们遇到什么感觉，这感觉可以包括麻木感或者没有感觉，或者在某些部位感到的不愉快甚至是疼痛的感觉，我们都允许它们如实地存在，而不是以任何方式去改变它们。我们不是在试着缩小实际情况与行动之心希望有的情况之间的鸿沟。反而，我们每时每刻安住于已有的体验，这些体验被我们直接地感觉、知晓，不是通过间接的想法。你可以说，我们安于存在的领域，安住于觉知本身。不难想象，这种对我们体验的导向是可以让我们冷静的。

　　也就是说，人们把身体扫描看成是一种放松的训练是没有帮助的，简单的理由就是那会再一次鼓励旧有的心智习惯再次开始。正如第 4 章中的呼吸冥想，我们无意之中会把发现转变为期待，最终使得放松成为身体扫描的目的和目标："这种冷静就是它的全部；这意味着我有些进步了"。这恰好就是简的体验。她感到是非常放松、流动着、美好的。"但是之后，我认为两天之后，我感到自己离开那种感觉了。我记得我在想的是'啊，它又来了，这是美好的'，而一旦我这样去想，我就能感到我自己丢掉那种冷静了，然后我又想'哦，我想再次有那种感觉'。然后我就感到真的很失望。我听音频的最后两三次，我发现自己提前有这样的思考'哦，太好了，我希望我再次有那种感受'，然后我的希望并未实现。"

　　简如此地想要有放松的体验，以至于放松离她而去，就好像手上捧了一捧沙子，握得太紧，沙子就从指缝之间逃跑。那么，这时候我们或简能做什么呢？

　　如果我们发现身体扫描是平和的、令人冷静的，我们可以简单地从经验上觉察到这些感受。体验感受就是去知道，它们会来，它们会走；它们会出现，它们会消失。关键在于为了它们而在这，直接地、如实地觉知到它们，不管它们是令人愉悦的、不愉悦的，还是中性的、几乎察觉不到的。

　　渐渐地，人们自己发现在身体扫描中，用这种方式和任何的出现一起工作的力量所在，而那就是一种根本性洞察的基础：当我们停止尝试去获得快乐的感受，快乐的感受更可能自己出现。带着这种洞察，另一节重要的课到来：我们已经有能力在内心深处去体验平和与幸福了。我们不是必须去赚取足够的分数来使自己值得拥有，或者在其他地方去捕获它。我们只是不得不学习如何熟练地离开我们自己的方式。离开我们自己的方式会让我们内在的和平与幸福自己展现，因此我们就可以有更多进入它们的方式。对于我们之中那些曾经花上大半生和不幸"作战"的人而言，这可以成为巨大的解放式改变（见专栏 5-3）。

专栏 5-3

当我们停止尝试去强迫快乐的感受，

它们就能够更自由地自己出现。

当我们停止尝试抵抗不愉快的感受，

我们可能发现它们会自己溜走。

当我们停止尝试使什么事情发生，

一整个世界的新奇和不可预知的体验，

都会变得唾手可得。

　　身体扫描和其他所有正念练习的邀请就是要尽我们所能地放下我们的期待。期待会变成目标，而它们只会阻挡我们去体验此时此刻我们所拥有的。但是，当我们认识到我们发展出了一些期待，正如简一样，我们可以看一看我们有多么容易就把我们的体验的方方面面变成了固定的目标——这本身就是重要的一课。它帮助我们学会认识什么时候我们在转变成为行动模式。通过常规练习身

体扫描而培养正念，简开始认识到了她自己的这个模式，而且发现自己能够对这种愚蠢行为微笑。

正如第 4 章中的呼吸冥想，在身体扫描中，我们无疑会发现我们的心在走神。这里，同样，我们可以对心智的愚蠢行为抱有一笑。心的走神是另一个行动模式进入画面的方式，识别出来它什么时候会被发现，这样做会增强我们对心智模式及其变化的觉察，有目的地为发生这些改变而铺路。

心的走神：又一次机会去识别行动模式

心的最有用功能之一就是不断提醒没有完成的事务，这样的话，对我们很重要的目标就不会被搁在一旁。这个小小的备忘录系统能防止我们错过重要的截止日期，或确保我们去修补一段对我们很重要的受到伤害的友谊。但是，这个功能有一种倾向，在我们不需要它的时候自发地任职，正如劳伦在她的身体扫描练习中所发现的一样。

在劳伦的家里发生过很多事情。她那上岁数的公公菲尔最近摔断了尾椎骨。劳伦花了好大一番力气来寻找一种好好照顾他的方式，因为他所有的孩子及其伴侣都把所有时间放在工作上。当劳伦发现她在走神之前，她正在关注臀部的感觉。

"首先我在感觉着我的臀部，"她说，"我注意到我自己思考着臀部的形状，记起了一张我从生物教科书上看到的臀部的图片。然后我想起了菲尔那摔坏了的臀部，后来我就开始思考他正在医院里。"

我们可以注意到，劳伦走神的第一步是相对微妙的，她从关注臀部的直接感觉转移到了思考臀部，从通过经验去知晓变成了通过想法去知晓。

一旦潘多拉的盒子被打开，所有的联想、记忆和其他行动模式的杂念都冲上了表面，把劳伦从她本来想要聚焦的地方带到很远很远——现实从关于她过去的一个联想，到了她的公公，然后从那里又去想象他躺在医院病床上。她心里的"蜿蜒小河"并没有停在那里。

"那让我想到了比尔（劳伦的丈夫）的姐姐。她说了她会花时间照看他，但是她没有做到。然后我又记得一次很难受的电话通话，是家里另外一个成员说她再也不能面对父母了。"

一旦她从本来想要关注的身体里的生理感觉游走了，劳伦的注意力就转移到了关于照顾和家庭的未完成事务之中。在某些阶段（她不知道什么时候）她还睡着了一小会儿。

最开始，劳伦非常生气她的心持续不断地走神。但是，在练习了身体扫描大概两星期之后，她留意到自己的一些改变。"之前"，她说，"我会进入一种狂乱状态，开始向那里扔出脑海之中的瓶瓶罐罐——只是在心里，你懂的。我会反复想，'哼，没有人在乎；我是唯一知道要为菲尔做点什么、知道如何照顾他的人，如果盖尔不能做，那她就可以离开，因为我在乎这些。'嗯，那些我在脑海之中扔来扔去的瓶瓶罐罐只会伤害到我，因为没有其他人会看到它们被扔来扔去。现在，我能感觉到我身体里的压力，但我既没有远离，也没有因为我感到不愉快而变得不愉快。"

劳伦发现，当她走神的时候，更有效且合适的方式仅仅是对自己微笑，认识到它，然后只是温和地把心带回到她之前刻意关注的地方，而不是严厉责备她自己。而且，她说，回到感觉之中，直接地、经验性地知晓身体感觉，使她能够联结到她生活里的压力并且"感受"那种压力，却没有过度地反应。

不好的冥想，没有这回事

我们期待身体扫描带来放松或冷静的效果，或者是倾向于为了心的走神而责骂我们自己，不管怎样，很容易在冥想上附加一些目标，开始思考某一次练习是"好的或者坏的"，"有效的或者无效的"。因为我们对于不愉悦的情绪会感到反感，如果我们感到不耐烦、烦躁不安、不舒服、痒或者躁动、冷或者热、疼痛，我们就会受到诱导去说我们做了一次"坏的"冥想。我们再也不想做身体扫描了，因为，显然，冥想没有"效果"。有些不对：可能我们会责怪音频、老师或者方法，或者把自己归为失败者。而如果我们还会去想象，同时其他人在做身体扫描的时候有着美好的体验，那我们就只会又多了一个理由认为自己失败了。

在冥想之中没有失败这回事，只要我们觉察到我们的体验，不管是什么体验。事实上，这就恰好是为什么身体扫描如此强大。它给我们一个又一个机会，安住或回到存在模式中，带着它直接的经验性知晓，甚至是在强烈情绪、想法或感觉存在的情况下。正如其他所有冥想练习，身体扫描会成为我们自己学习和成长的实验室——学会不要困在执著和不幸的能使自身永久存在的循环中，达到和自己更加亲密、舒适的状态。从一个瞬间到又一个瞬间，身体扫描中出现的所有事情都会成为我们的老师，以延伸这份学习和成长，不管它们看上去是愉快的、不愉快的还是平淡的。

身体扫描的目标是将我们从受苦和心智痛苦中释放，这些痛苦来源于想要的事情和当下这个瞬间的事实有所不同。在身体扫描中，正如在生活之中一样，我们处于一种更强大、更自由的姿态，只要我们能够放下那种想要感到平静、高兴、平和或快乐的需要，就反而可以学会和任何时刻我们有的感受一起存在。

> 没有"好的"冥想或"坏的"冥想这回事，只要我们是觉知的，清晰地看到在当下的瞬间有什么正在展开着。

这可能意味着在某处肌肉中发现紧张感或躁动不安的感觉，让它们在那里，而不是开始对我们为什么会感到这些压力而有一系列的高谈阔论。

这可能意味着注意到总体上的疲惫感，但无需嘱咐自己去振作起来和重新开始，并因之而累倒自己。

这可能意味着，在郁郁寡欢、紧张或者烦躁的图层之下感受着一种微弱的平和与快乐，而非狂热地挖掘，想把它们拖到表面，并要求它主导我们在这一分钟的感受（见专栏 5-4）。

专栏 5-4　为什么坚持做身体扫描

在我们的正念培训课程中，身体扫描是很重要的一部分。从最开始人们参加这些课程，他们就每天花 45 分钟在这个练习上，一周做 6 天，至少坚持 2 个星期，甚至是在他们可能感觉不到太多立竿见影的效果时（这常常发生）也在坚持。如果你发现自己纠结着是否要坚持做这个练习，你可能想跟随我们给那些参加我们培训课程的人们的建议：只是尽你所能地去做，保持在练习的过程中，不管你认为它是否"有效"。只要你坚持练习，练习本身就会最终揭示出新的可能性。为什么？

○ 因为身体扫描提供了一个美好的视野，培养一种新的经验性的知晓方式；

○ 因为身体扫描给我们提供了机会去重联我们的身体，这在情绪表达和体验上扮演着重要的角色；

○ 因为对身体感觉的正念觉知可以解开身体感觉和思考之间的联结——这种联结维系着反刍思维和不幸的循环。

○ 因为身体扫描教会我们把智慧和开放之心的注意力带入到我们身体的各个部分，甚至是在身体感到强烈不舒服的感觉的时候——这种技能在之后可以泛化到我们生活的其他方面。

接着，几乎肯定会发生的就是，将我们从某些最受限的自我强加的约束中释放，获得幸福和快乐的可能性。

▢ 早晨的正念清醒

让我们回到我们开始的地方——早晨醒来时感到不愉快的沉重和疲倦。对我们之中的很多人而言，战胜这件事可以是相当困难的。当然，我们宁愿不去体验这些感受。但在这里就是身体扫描的练习可以真正有用的地方。如果我们只是练习了身体扫描短短几天，我们就会开始去如实地联结我们的身体，而不是以我们希望它有的样子去联结。在身体扫描中，我们发现了从一种崭新的视角去接近事物的可能性，而这在所有时候都是可以去应用的，甚至是在我们没有时间做一个完整的身体扫描的时候。

那么，醒过来时，我们可以如何以不同的方式去接近这种情况呢？我们将能够识别早期预警迹象——可能成为恶性循环的迹象，并开始去练习栖息在心的存在模式中。我们会把注意力直接地关注在我们的身体感觉上，如实地安住在对它们的觉知中。这让我们能够和不舒服的感觉在一起，而不去尝试逃避它们或者通过相关的思考来加重它们。即使在练习身体扫描的早期阶段，这种和行动模式不同的方式，也会对一些常见的现象有它的效果，比如清晨的困倦。那种沉重的感觉很大程度上被消极的想法所加剧。但是，在同样情况下，正念为身体的感觉本身带来一种温和的、慈悲的觉知，不去尝试改变它们，放下关于身体感觉或关于我们自己及任何事物的想法，它可以给人巨大的能量。

一旦我们练习身体扫描有了一些体验，我们就能把这种觉知带入到任何一个时刻。在起床之前，我们甚至可以在一次吸气和一次呼气之中扫描身体，或者只是和身体作为一个整体一起呼吸 5 分钟左右，甚至只是 1 分钟或 2 分钟。

它可能就会改变我们的一整天。

转化不快乐

The Mindful Way Through Depression

第6章

重联我们的感受：

我们喜欢的、不喜欢的，以及我们不知道我们拥有的

约翰工作结束后开车回家。在路上时，他车前的一辆卡车倒车撞到了他的车头。虽然并未造成很大的损害，但是也足以让约翰知道他将不得不给保险公司打电话去处理。更糟糕的是，卡车司机否认他当时倒车了。他说是约翰从后面向前开而追尾的。约翰火冒三丈地开车回家了。他显得肌肉紧绷，脸色通红，血压升高，眉头紧锁。到家后，他瘫坐在一张椅子上，决定明天再去担心车子的事情。这让他感觉好一点。他随手拿起信件。第一封信是银行寄来的，询问他是否愿意打电话来讨论一下他的退休金开支问题。约翰从椅子上蹿起来，捶打着桌子，然后非常气愤地离开了家。

直到后来，他和他的妻子聊起这件事时，约翰才清楚地知道车子事件给他带来的紧张感蔓延到了他对信件的反应上（信本来是无伤大雅的）。约翰的妻子和家人说他们当时从外表上就看出他非常紧张。他的整个身体看起来非常紧，他的姿势是情绪低落的样子。而约翰自己并不知道他当时感觉仍然非常糟糕。

当他妻子问他是否感觉好一点了，他显得很吃惊，然后否认自己对交通事故或者信件还留存有什么感觉。他仅仅是没有理睬这两件事情，权当已经过去了的烦恼而已，他说他没事了，露出一个僵硬的微笑——在他妻子看来更像是愁眉苦脸。

约翰完全没有和他的身体所传递给他的信号联结在一起——这并不仅仅是在这一件事情上，而是一种一贯的模式。结果是，他完全没有注意到他所有的情绪反应，至少在那些情绪把他的心情拉向低谷之前没有注意到。到那个时候，立即采取行动来处理情绪已经太迟了。不仅如此，约翰对银行信件的过度反应就是他遭遇卡车司机之后紧张情绪遗留的一个直接结果。他的觉察力缺乏，说明了他的心理状态受到他的身体和情绪的控制，其控制程度足以对他敲响警钟。正如我们在第 2 章和第 5 章中看到的，我们的身体状态给我们的心理提供着重要的信息，如果我们没有觉察，它们将以非常强大的方式影响我们的判断、想法以及感受。比如，皱眉会使我们更加消极地判断我们的体验。同样，约翰僵硬的身体以及愁眉苦脸的表情也点燃了他的沮丧，进而促使他做出了对信件的反应。

他对于自己的情绪和躯体反应的全然不觉，正是他努力逃避那些他不想要的感受的一个直接结果。

我们为什么切断联结

正如我们在第 2 章中所讨论的，可以理解如果我们在过去经历了一些痛苦的情绪或感受，我们就会与我们的情绪为敌。我们对自己的不幸做出的反应，就好像它们是威胁一样，并且，当我们这样做的时候，大脑就触发了回避系统。我们不仅减少了趋近相关的行为，比如好奇心、投入和善意，而且还驱使我们的心理去回避甚至是它自己的产物，隔绝它们，压抑它们，麻木起来，甚至是当它们已经出现了的时候想方设法地假装它们并不存在。这样做的结果不仅让我们和消极、不适的感受以及身体感觉失去联结，而且可能会关闭我们去感知任何事物的能力，无论积极的还是是消极的。我们在阻碍自己去有效地应对不幸，并加固这种观念。莫名其妙地，我们和活着的整个经验失去了联结，但是却不知道究竟是为什么。

这种尝试去回避我们的情绪、想法、感受以及身体感觉的行为被称为经验性回避。不出意外，它会变成一种习惯。如果自己的情感和身体感觉传来消息的频段是非常不愉快的、非常频繁的，谁不会切断和它们的联结呢？但是假装一些感受并不存在就好像是你在沿着高速公路开车的时候听到发动机传来奇怪的声音，而你的处理办法是把车载收音机的音量调高。这样做的效果是很好地盖住了发动机的噪声，但是却无法有效地防止沿着公路再开 10 公里后发动机失灵。心理学家史蒂夫·海耶斯（Steve Hayes）和他的同事们在回顾了 100 多篇科学研究后得到的结论是，很多情绪障碍都是不健康地逃离或回避情绪的结果——那正是经验性回避的结果。如果我们尝试隔离躯体感受、想法和感觉（这些都是我们的情绪体验的不可缺少的部分），那么，我们心理健康的"发动机"也就非常有可能会失灵！

长期来讲，经验性回避确实在处理那些我们不想要的或者不愉快的感受上没有效果。尽管我们可能意识不到，但是不愉悦的感受仍然和我们在一起，而且它们仍然在启动着习惯性反应，能将本来是稍纵即逝的不愉悦感受转变为持续的受苦。除非我们意识到它们的存在，否则不愉快的情绪会直接或间接地影响我们的态度和判断，其影响方式只会是让我们的不幸成为永恒。除非我们意识到。这才是问题所在。如果"切断联结"已成为一个习惯，我们怎么能在不被压垮的情况下"重新联结回来"呢？知道这一点将会非常有帮助：我们的内在经历的某一方面能帮助我们做到。我们把它称为"内部气压计"。

内部气压计

寻找一个新的生活住处时，我们常常花掉数小时来考察潜在住处。你有没有过这种经历：一个房子或者一间公寓听上去完美至极——它有你需要的房间数量，绰绰有余的平方米数，卓越的居家设施，以及很棒的街区——但真当你来到这里却发现不是一回事儿。只要你一迈进房间，你就知道这个地方是不适合你的。你可能说不出为什么。它只是一种直觉。它是在意识水平上的——你非常清楚地觉察得到——但是却无法用语言诉说。好像它就是一种你在评价情境中能读到的自己直接感觉的本能。它甚至会强烈到让你感觉只想尽快离开这里。

我们的感受可能有很多维度，但是固着在感受下面的是心智中的一个单一量度，这个量度简单地将我们的体验注册成为"积极的""中性的"或者"消极的"。这种能力所发挥的作用就像是一个内部气压计。正如一个真正的气压计会提供持续的气压指数，这个内部气压计提供的是每一个瞬间我们体验的"内部大气"指数。但是，正如我们需要读出气压计的数字以获得天气信息，我们也需要读（如果必要的话，需要学会如何去读）这个内部气压计，方式就是在每一个瞬间对我们真正的感受更加觉察。这样，我们的行为就有可能更适宜，内心也更加平衡，尤其是在一些令人难以忍受的情境之中。

通过学会更密切地留心我们对自己所遇到的任何物体、人、地方或事件所做出的反应链条，我们才能实现以上目的。如果我们这样去做，我们会发现有一种对于体验是积极、中性还是消极的本能感觉。如果一种体验被记录为愉快的，那么反应链会倾向于向一个方向发展，结果是我们可能觉察到自己想要延长那一番体验。如果一种体验被记录为不愉快的，反应链会向另一个方向发展，结果是我们可能觉察到自己想要摆脱或者逃避这种感觉。这种情况常常是完全自动化的，它们在觉察表面之下进行着。

如果我们真正将那种对于反应链的觉知带入特定的瞬间和情况，那么每一次我们这样做，我们便拥有了一个绝佳的机会去打破这些基本的"冲动感觉"与完全自动化且大部分是无意识的反应之间的强有力的联结，这些反应往往接踵而来，发生得特别迅速，尤其是那些我们描述为反感（aversion）的反应。因为对于所有消极情绪而言，"不愉悦"的感觉都是常见的，且潜伏在这些情绪

（悲伤、愤怒、厌恶和焦虑）之下，不管这些情绪浮现到意识中是以何种形式，我们都会有机会发展出一种对于所有苦恼情绪通用的"早期警示系统"。通过更加敏感地对待内部气压计所传达的信息，我们可以识别任何我们之前可能忽视了的不愉悦感受，因为那些感受正在真实发生着。将它们带入觉察之中，会削弱其对我们心理的影响力度，从而使我们的回应方式不会激发或维持那种厌恶的感受，也就更不可能会下滑到抑郁的状态之中了。

> 我们每个人都有一种内在监控的体验，这种体验会标记出一些事情是愉悦的、不愉悦的还是中性的。它可能就是一种早期警示系统。当我们学会去读取出它的信息，我们就能够将自己从膝跳反射一般的厌恶反应中解脱出来，从而也就能够从反刍思考中解脱。

最可靠的能够帮助我们和早期警示系统相协调的方式是什么？我们在第5章中给出了暗示。通过以一种特定的方式把觉察带入我们的身体，我们就能够发现并充满智慧地使用我们自己的内部气压计。

开启新的可能性

为达到这一目的，我们需要一种有效的方式使我们与身体感觉相协调，使我们感受到自己在直接地、立即地对某一个瞬间做出本能性的评价。这种方式将会给我们提供一个机会，让自己在某些特定情境中能够以更加有效的方式做出回应，而不是采用我们惯常的自动情绪反应。

举例来说，如果一段快速闪过的记忆突然让我们感到悲伤或不快，我们可能不需要知道记忆的哪一个方面触发了那种情绪。记忆本身，或者记忆所引发的情绪，都会被标记为"不愉悦的"，然后就是这种不愉悦的本能感受为后面的连锁反应注入了能量。这可能曾经是向下的一个螺旋的起点，但它其实不必是这样，因为我们可以将一个瀑布般的反应转化成一系列可供选择的点。

将一些事件（比如一种悲伤的感觉）认同为不愉悦之后，我们注意到自动浮现上来的厌恶反应的那一瞬间就会成为一个决定性的时刻，成为正念可以开启新可能性的一个关键点。首先，将友好的非批判性的觉察直接带入与不愉悦感相伴的身体感觉之中，我们通过这种方式能够立刻更加智慧地运用隐藏在那些感觉和情绪背后的信息。最终，我们会发现正念地对不快乐本身（即它在身体里的感受）做出回应的方式。很大程度上，这会增加使消极感受就地溶解或者随它自己的节奏逐渐消散的可能性。

　　我们现在开始明白，把我们的觉察向我们直接感受到的身体经验开放是如何使我们与自己过去一直逃避的情绪重新联结的。在体验之中的对于那种"不愉悦"特性的第一知觉与反感的下游反应，在一开始就去区分这二者，对于我们大多数人而言可能是很困难的，因为它们很可能被体验为一个融合的整体。这并不一定会成为问题，因为我们总是可以一次只迈出一步。首先，我们可能能够觉察到那个"融合"的整体像是身体某个部位整体收紧的感觉，这种感觉本身就有些令人不愉快。其次，在感觉层面识别出收紧的感觉之后，更加熟悉那种感觉，我们就可以开始越来越清楚地识别出那种不愉悦的感受和反感。这是很大的一个进步。然后，通过练习冥想，具体来讲是聚焦于提升我们身体觉察的冥想（比如躯体扫描和本章所描述的练习），我们就能更容易地在感受触发反感之前探测到它有不愉悦的特性。最后，一点一点地，我们可以开始注意到，它们是分离的——不愉悦感被标记在先，"带我离开这儿"的厌恶反应紧随其后，而这种厌恶反应又继而被标记为不愉悦，从而继续这个循环。

　　在身体里最容易被识别的反感的表达就是肩膀或腰部附近的收紧感，或者是前额紧绷，下巴紧缩，以及腹部的紧张感，知道这些会非常有帮助。在我们尝试逃离猛虎或者逃离我们的感受时，我们都会有这些或战或逃的反应。但是，正如约翰一样，当这只猛虎存在于我们身体内部一段时间且没有任何要撤离的计划时，我们常常会中止对这些负面生理反应的注意。

　　所以，一步一步地来，对我们之前所描述的"整体"，和揭示了融合着气压计上读到的"不愉悦"的身体感受，以及随之而来的一连串的习惯性反应，我们如何能够变得更加具有觉察？我们已经开始了，因为每次我们练习躯体扫描（第5章）时都有无数个机会。我们能在一个瞬间接着又一个瞬间在我们的身体里觉察到不愉悦和愉悦的感受，以及它们之后的感觉表达吗？随着我们继续做这一练习，我们自然而然就会对那些感受更加熟悉，不仅仅是在身体的某些特定区域，而且是将身体作为一个整体，处在觉察之中，正如我们在躯体扫描的末尾所做的一样。

第6章的练习会帮助我们扩展、深化我们的一种能力，这种能力帮助我们区分我们的本能性地把经验评价为愉悦的、不愉悦的或中性的整个区间，以及这些体验本身在身体里如何得以表达。和其他练习一起，第6章练习包括深化我们对自己的身体作为一个统一整体的觉察，以及它如何帮助我们读取那重要的内部气压计，以至于我们知道事态在朝着哪个糟糕的方向发展着，我们会对这些感到越来越熟练、舒服。但是，首先我们必须探索一些问题，关于我们觉察的特性和我们潜在的动机，以及这些对于第6章练习的重要性，还有，就此而言，对于我们所发展的所有正念练习的重要性。

▣ 迷宫中的老鼠

你还记得当我们还是孩子时获得的拼图书吗？这些拼图也许可以分为连接点的拼图和发现不同之处的拼图。无疑，不管那时我们的照顾者是谁，他们都希望我们会花上数个小时来连接那些点，或者在两块几乎一模一样的图片之间发现差异。有时，那可能是一个错综复杂的迷宫，而我们的任务就是在不用铅笔在纸上画的情况下寻找到一条出路。

多年以前，心理学家在一个十分有意思的实验中给大学生做了一个类似的迷宫。在一副迷宫图片上显示出一只受困的卡通老鼠，大学生的任务是帮助老鼠找到出路。这个任务有两个不同的版本。第一个版本是积极的、趋近导向的；第二个版本是消极的或者逃避导向的。在积极的条件中，迷宫外面的老鼠洞前面放着一块瑞士奶酪。而在消极条件中，老鼠是完全一样的，但是取代终点处瑞士奶酪大餐的是悬浮在迷宫之上的一个碗，随时可能猛地降落下来把老鼠扣起来。

　　要完成这个迷宫只需要不到两分钟的时间，并且所有参与实验的学生都成功地帮助老鼠走出了迷宫。但是，完成不同的迷宫版本的后效对比结果是惊人的。参与者在完成迷宫之后需要参加一个创造力测验，那些帮助老鼠躲避了大碗的参与者在创造力分数上比那些帮助老鼠找到奶酪的参与者低 50%。注意到碗而引发的心理状态导致了一种延迟的谨慎、回避和警觉反应，以防止事情出错。而这种心理状态反而弱化了创造力，关闭了一些可能性，并且降低了学生在下一个任务中做出反应的灵活性。

　　这个实验告诉我们一些非常重要的事情：同样的行动（甚至如解决一个简单迷宫一样微小）会有不同的结果，取决于它是朝向我们所欢迎的（激活大脑的趋近系统）还是躲避一些消极的（激活大脑的逃避系统）。在迷宫实验中，如一个卡通碗一般微不足道的事物触发了反感。它导致人们后续减少了探索性的创造行为。这一戏剧化的证据说明回避系统会使我们生活的焦点变窄，即使只是由单纯的象征性威胁所触发的。而且，这个实验也指出了我们将正念培育付诸实践的动机之种类的至关重要性。如果我们能够以兴趣、好奇、温暖以及善意的趋近特性将注意力融入我们的身体体验之中，那么不仅我们会在每时每刻和自己的感觉感受有更好的联结，我们也会击退任何可能存在的反感和逃避所带

> 对我们的感受充满善意和温暖的好奇心，会将我们带入更深的和我们生命的每一个瞬间的联结之中。

来的后果。说了这么多我们正在学习做的事情，培养善意的企图和动机也是冥想练习的一部分，正如学习如何以一些特定的方式去让我们的注意力聚焦一样重要。

▢ 正念瑜伽[一]

　　下面是继身体扫描之后的又一个塑造我们对身体感觉的觉察的练习，在这一练习中，随着我们进入一个 10 分钟的柔和站式瑜伽伸展，我们把自己的注意力放在身体里出现的感觉和感受范围之中。你可能想现在一边阅读一边就开始做这个练习（见专栏 6-1），或者等你想做的时候可以跟随音频中的指导语（第三轨）来做。

专栏 6-1　正念站式瑜伽

　　1. 首先，我们光脚或穿着袜子站立，双脚之间的距离与胯同宽。双膝非并拢状态，双腿微曲，双脚平行。（实际上双脚以这种方式站立是不寻常的，而这一点本身就能引发一些新奇的躯体体验。）

　　2. 下面，我们提醒自己这个练习的目的：尽我们所能地变得觉察，随着我们投入到一系列的温和伸展动作之中，通过整个身体觉察到躯体感受和感觉，尽我们所能在每一个瞬间尊重并探寻我们身体的限制，放下任何强迫超越我们极限以及和自己或他人竞争的倾向。

　　3. 然后，在一次吸气之中，我们慢慢地带有正念地将双臂向两侧平举，与地面平行，然后，在呼气之后，我们继续在下一次吸气之中将它们抬高，慢慢地、带有正念地，直到我们的双手在我们头顶上相遇，在整个过程中感受肌肉为举起手臂而产生的紧张感觉，然后在这个伸展动作之中保持。

　　4. 然后，我们一边让呼吸按照它自己的节奏而进行，一边继续向上伸展，我们的指尖温和地向天空推送，双脚稳定地扎在地板之上，在这个过程中我们感受身体的肌肉和关节的伸展，一直从脚到腿再到后背、肩膀、双手、手指。

　　⊖　在练习正念运动时，如果你有一些会限制你活动的躯体问题，你要确保格外小心。如果你不确定，就向你的医生咨询一下。

5. 我们在这个伸展中保持一段时间，自由地呼吸，随着我们继续保持在伸展之中，伴随着呼吸，留心任何身体感受。当然，这可能包括一种紧张或不适感上升的感觉，而如果真的有这种情况发生，那也让其顺其自然。

6. 在某一个时点，当我们准备好的时候，我们慢慢地，非常慢地，在一次呼气之中让双臂放下来。我们慢慢地把它们放低，手腕弯曲以便手指向上指，手掌向外推（又是一个不寻常的姿势），直到双臂回来在身体的两侧休息，从肩膀往下自然垂着。

7. 然后我们慢慢地闭上眼睛，随着我们站在这里，让注意力聚焦在呼吸的变化之中，以及身体里的感觉和感受之中，大概能够注意到由于回到了一种普通的姿势的截然相反的躯体的释放感受（常常也是安心的）。

8. 我们现在继续正念地依次伸展每一只手臂，就好像我们从一棵树上摘下一个需要费力才能够到的果实，带着对身体感觉和呼吸的全然觉察；看看如果在向上伸展的同时把另一侧脚的脚跟离开地面的话，手的伸展和呼吸会发生什么变化。

9. 在这一系列动作之后，现在慢慢地带有正念地高举双臂使之平行于头顶上方，然后让身体向左侧弯曲，同时胯部向右边，身体形成一个月牙形，伸展着身体侧边的曲线，从脚一直到躯干、双臂、双手和手指。然后在一次吸气之中再次回到站立姿势，然后在一次呼气之中，慢慢地向相反的方向弯曲形成一个弧度。

10. 一旦你回到站立的姿势，双臂在身体两侧，你就可以开始做肩膀转动，做的同时双臂自然而然下垂。首先肩膀向上提升，尽所能地靠近耳朵到它们能够靠近的程度，然后向后转动肩膀，就好像是要让两个肩胛骨向后靠拢到一起一样，然后再让它们完全地下坠，再然后把肩膀向身体前面挤，尽可能地让它们到能到达的位置，就好像你在保持双臂下垂的同时尝试着让肩膀能够在前面相碰一样。继续尽可能柔顺地带有正念地通过这些不同的姿势来"转动"肩膀，整个过程都保持双臂自然下垂，先向一个方向转动，然后换向相反的方向，以向前或向后的"划船"动作而进行。

11. 然后，一旦你再次回到站立的姿势休息，慢慢地带有正念地向四周去转动头颈部，以转到你感到舒适的程度为宜，非常温柔地，就好像你是用鼻子在半空中画一个圈一样，让这个画圈的过程缓慢地先以一个方向进行，再以另外一个方向进行。

12. 最后，在这一系列的动作的结尾，在一个站立或坐着的姿势中，我们保持一段时间的静止，并且和身体感觉相协调。

在整个基于正念的认知治疗程序之中，这个介绍性的开头后面是静坐冥想，而且它实质上是作为一种冥想的形式，和另外一个更长时间的、基于哈达瑜伽而发展出来的正念运动、伸展以及姿势保持的练习交替得到参加者每日的实践。由于一开始就记住这些顺序不太容易，所以我们可以用音频中更加细致的指导语来在一个姿势接着一个姿势中引导我们自己。

迷宫中的老鼠实验提醒我们进行这一练习的关键精神。我们邀请自己去探索在我们的身体里发生着什么，其方式就如同我们在吃葡萄干一样，将全然开放的心态和觉察带入每一个瞬间，不管在那里我们体验到了什么。为了能够这样做，我们需要觉察到我们总体上可能保留着的一些回避某些体验的习惯，尤其是在这些体验具有不愉悦的属性的时候。不愉悦的感觉肯定会在某些时刻出现在身体里的各种部位，尤其是在做正念瑜伽的时候。现在，这些都成为了我们探索不愉悦感如何关联到反感的绝佳机会。因此，在站式瑜伽中的每一个瞬间之下的挑战就是有目的地去体验身体，一个瞬间接着又一个瞬间，带有开放性和兴趣；正如第一次做这样的练习，且在任何所给的伸展或姿势中感受并温和地探索其限度。

比如，我们可以从确认身体里各种来来去去的感觉是什么开始。要做到这一点，我们需要突破任何可能存在的负载了恐惧感的想法或预期的屏障。让我们这样说，我们故意在一个伸展或姿势上保持更长一点的时间，而不是只做到感觉舒服的程度，通过这样做，我们开始体验到肩膀或背部的一些不适。这里的挑战是为这些感受铺开一张欢迎的毯子，因为我们可以在觉察之中保持住，并确认那些不愉悦的属性。我们能注意到一种立刻把感受标记为"疼痛"或者把整个体验标记为纯粹的"折磨"的冲动吗？

通过转向不适与不愉悦的感觉，通过有目的地在它们出现时在觉察之中拥抱它们，我们就在扩展着我们自己内心的开放和善意。通过以这种方式培养觉察，我们在弱化我们对于自己不喜欢的那些内在体验的逃避倾向。同时，我们也在弱化自己无意识里对行动模式的依赖，这种依赖一旦基于恐惧就只会让我们纠缠在持续的不幸福感受之中。在留心自己的体验时，通过默默地问自己"这是什么"来锻炼并深化觉察力，有些人发现这样做非常有帮助。

身体动作和伸展提供了将温柔、友好和同情心带给我们自己的机会，而不是逼自己超越极限或者对自己的"表现"有所批评或评判。

> 当我们与一种不愉悦的感觉相遇时，温和地问"这是什么"，会保持我们的头脑不跳入"我讨厌这种感觉——带我离开这里！"的念头之中。

对瑜伽的反应

人们对我们所描述的练习有不同的反应，但是很多人发现这些瑜伽伸展有巨大的帮助。对于任何一个很难保持一段较长时间身体静止（比如我们在身体扫描中所做的那样）的人来说，瑜伽常常是尤其有效的。这些姿势、动作和伸展很容易让我们扎根于此时此地，让我们全然和我们的身体存在，对我们的更广阔的当下体验有更强的觉醒。

相比于关注于呼吸的冥想和身体扫描冥想，移动以及伸展就像行走一样，常常能提供更"响亮"的身体感觉。因此，有时它们可以提供一种聚焦注意力并体验自身感受的更简易的方式。而且，伸展那些在长期反感状态中变得紧张的肌肉，能让我们从情绪中释放出来，我们可能都不知道自己一直怀有这些情绪，而且会因此变得郁结。

　　正如其他所有练习一样，我们在正念瑜伽中培养的觉知可以在每一个时刻中找到。在整日里用身体将自己扎根于觉察之中，可以和对我们的姿势或者任何或大或小的动作保持正念同样简单。比起和我们的身体失去联结、自动地移动、缺少觉知的时间而言，实际上我们的练习并不会花费更多时间。假设我们伸手去拿什么东西，反正我们也正在做着。没有什么额外的事情需要我们去做。我们简单地留心移动着和没有移动着的身体区域的感觉。我们能训练自己存在于此时此地，带着全然的觉察，栖息在身体里。不管在我们的头脑或身体里发生着什么，我们的内部气压计一直都为我们而存在着，只要我们选择去读取它。这样做给了我们更多的关于下一个瞬间会发生什么的选择。这本身就为我们和自己内部体验的关系加入了新的自由度。

在呼吸的周围扩展注意力

　　除了用正念瑜伽的练习来将自己扎根于身体之中，我们还可以用其他的方式来深化我们的觉察，那些能帮助我们与内在气压计的信号相协调的方式。一个很有力的方法是延伸我们在第 4 章探索的正念呼吸练习，将它加入到一种将身体作为一个整体的感觉中。你可能想在继续阅读之前先去实践这个练习。正如所有我们探索的练习一样，要记得把同样的开放性尽你所能地带入每一个瞬间，直接把身体的感觉和感受当做感觉和感受去体会（见专栏 6-2）。

专栏6-2　静坐冥想：呼吸和身体的正念

1. 不管你坐在一张椅子上还是地板上，以一种挺直且高贵的坐姿，练习对呼吸的正念，正如先前我们所描述的，进行10分钟。

2. 当你感到你在某种程度上安住在对呼吸的感受上了，感受着气体进入和离开你的身体，可能是在腹部或鼻孔的部位有这些感受，有目的地让觉察的领域围绕着呼吸扩展，还包含着一种通透全身各种各样的感觉在内，不管它们在哪里，是一种身体作为一个整体坐着并且呼吸着的感觉。你甚至可能发现你会从身体里得到一种呼吸在进行着的感觉。

3. 当你选择这样去做的时候，你可以把这种身体作为一个整体以及呼吸进入和离开身体的更广阔的感受放在一起去觉察，觉察身体和地板、椅子、垫子或者板凳接触的地方出现身体感觉的更加具体的特征——触感、压力的感觉，以及双脚或双膝和地面的接触，或臀部和支撑臀部物体的接触，双手放在大腿上或一起放在膝盖上的触感等。尽你所能地，将这些感受和呼吸以及身体作为一个整体的感受，一起放进一个宽广的觉知之中。

4. 当然，非常可能，你会发现头脑反复从呼吸和身体感觉的关注上走神。记住，这是头脑的一种自然倾向，且它着实不是一个错误，也不代表练习的失败或者"没有做对"。正如我们之前所说的一样，不管任何时候你注意到你的注意力从身体感觉上游离，你就可能想让它成为一个你知道自己已经回过神来而且在头脑里清楚地觉知正在发生着什么的瞬间。在那个非常的瞬间中，温和地注意到在你头脑中的是什么（"思考""计划""回忆"），然后重建你对呼吸感觉以及身体作为一个整体的感觉的注意，这将会是非常有用的。

5. 尽你所能地，从一个瞬间到又一个瞬间，安住在对遍布全身的感觉区域实际所发生的情况的温和的注意中，当感觉出现时，觉知到任何愉悦的、不愉悦的或者中性的感受。

6. 练习的时间越长，你可能越容易在你身体的某一个区域或另一个区域体验到感觉的出现，这些感觉尤其强烈，可能是在后背、膝盖或者肩膀。在这种更强的感受中，尤其是那些不愉悦、不舒适的感受，你可能发现你的注意力不断被它们吸引，离开了你本来试图关注的呼吸或者身体作为一个整体的感觉。在这些时刻，与其改变你的姿势（不过，你当然总是可以这么做），你可能不如有目的地短暂地尝试把注意力的焦点就集中在最强烈的感受区域，并且尽你所能地带着温和、智慧的注意力，去探索在那里出现的更具体的感觉模式——准确地描述感觉的特点是什么；它们究竟出现在哪些部位；它们会随着时间变化或在身体中从一个部位转移到另一个部位吗？这些探索都是发生在感觉和感受的领域中的，而不是通过思考来获得。再次强调，尽你所能地，对于任何已经在这里被感受到的感觉保持顺其自然，让你自己知道你正在通过直接地体验它们而感受着它们。正如在身体扫描中一样，你可以把呼吸当做一个交通工具，帮助你把觉察带入这些强烈感受的区域中，吸入气体到它们中去，然后从它们中呼出气体。

7. 无论你什么时候发现自己被身体感受的强烈性"带走"了，或者是以别种方式出现了这种情况，尽你所能地，重新关注呼吸的运动或作为一个整体的身体以一种平衡且优雅的姿态静坐着的感觉，通过这种方式重新与此时此地相联结，甚至在强烈感受之中，也扎根在当下的这一个瞬间。注意我们多么容易就从一些对不舒适感的相关想法中创造了"痛苦"，尤其是那些我们以为这些不舒服会持续多久的想法。

就在最具强烈感受的那些瞬间，如果我们把自己放在当下，放下关于未来和过去的一切想法，那么痛苦（身体的和情绪的）以及受苦经历的全新维度，和去拥抱它们、以不同的方式理解它们的可能性就出现在我们面前。不管冥想练习中的任何时刻出现躯体或情绪的强烈感受，你都可以尝试这种动机和觉察的转变，哪怕是非常短暂的。在哪怕是最短暂的瞬间里，即使只是把一只脚趾放在水中，如果这是你在某个具体时刻能做到的最大限度，那么这样去做也能极度地给人启发且可能有疗愈性，而不用非要全身跳进水池中（见专栏6-3、专栏6-4）。

专栏 6-3 呼吸进入

围绕呼吸扩展我们的注意力，将身体作为一个整体纳入更广阔的觉知领域中，静坐冥想中的这个练习会提供很多修炼"呼吸进入"技能的机会，我们在第5章的身体扫描的讨论中描述过这一技能（第105页）。当我们把呼吸作为一个背景，不再主要关注作为一个整体的身体，转而关注最强烈的身体感觉的所处区域，在那里会有很多发现。尽管我们的注意力可能会被强烈感受的整个区域所吸引（好像心念在叫喊着："喂，看这里！"），但我们尝试逃避任何消极体验的习惯却可能带来阻碍，阻挡我们把觉察带入最强烈的身体感觉和感受中，带到那不舒适感受的中心上——它确实是不舒适的。"呼吸进入"的练习可以给经验性回避提供一剂良药。呼吸可以作为一个交通工具，把温和而持久的觉察带入强烈感受的区域中。我们感觉或者想象呼吸正在身体中运动，持续进行着运动，直到它进入强烈感受区域的最核心，把觉察带了进来。

如果感觉的强烈性变得势不可挡，我们可以通过一个补偿性的练习——共同呼吸，来稳定我们的注意力。在这个练习中，带着对整个呼吸的觉察一起，将它进入和离开身体的过程作为背景，我们保持对强烈感受的觉察。

专栏 6-4 共同呼吸

不管是对我们身体的觉察，还是对我们经历的其他方面，扩大觉察的领域有时非常困难。因为正在发生的事情如此之多：在我们的生活里，我们的心里，以及我们的身体里。我们实际上在所有时刻都被内在和外在的刺激所"炮轰"

着，也许我们在深度睡眠之中的时刻除外。在这种情况下，我们如何将心的稳定和一个更广阔的觉察联结起来？其中一种方法是利用那显而易见却又不平凡的事实：不管我们在生活中经历着什么，那些经历总是（过去也一直是）以呼吸的主动性作为背景的。这也就是说，如果我们愿意，我们可以不间断地把对经历中的任何方面的觉察和我们的呼吸结合在一起。通过这样做，我们在那个瞬间和我们稳定心态的能力重新联结了，这就是之前我们为正念练习打下的基础，通过仅仅关注呼吸运动而发展的能力。我们把这个练习叫做"共同呼吸"。在我们关注任何体验的时候，把对呼吸的觉察涵盖到"背景之中"，通过这种方法我们就能够稳定心态，也因此更加容易地能在任何时候关注我们实际的经验。

例如，如果你现在播放一段音乐，你可能会发现，在你留心音乐一段时间后，你的心就开始走神了。现在或者另一个时间做一个实验的话，你可能想看看你是否能够把注意力放在音乐上，同时也在背景中随着你的呼吸进出身体而关注呼吸。尝试做几分钟看看，可能不时交换你的关注点，先单单听音乐，然后再包含对作为背景的呼吸的注意。为了找到一种最舒适的做法，可能你需要试上几次或有几次失误。特别是，要在作为前景的音乐（这是主要关注点）以及作为背景的呼吸所发挥的稳定性影响这二者之间找到正确平衡点，这可能需要花上一段时间。但是，很多人发现这个努力能提供一种非常熟练地在复杂和困难情境中稳定心态的方法，因此是非常值得的。特别是，当我们有目的地将觉察的关注扩大到整个身体感受体验的领域时，很多人发现这要求我们转而面对剧烈的身体感觉和不愉悦的感受，这种练习为我们的这一目标提供了无价的帮助和支持。

玛利亚的故事

玛利亚在她的两个孩子来访之后正在清理房间。两个孩子都是 20 多岁，许多年前为了上大学和工作离开了家。孩子的很多东西还在房子里，好像在提醒着这里总是欢迎他们回来的。在庆祝妈妈 50 岁生日的那个周末之后的一个清晨，孩子们踏上了离家的火车。随着他们在道路的尽头消失，他们的吵闹声和笑声也渐渐远去。玛利亚本来得快点去上班，但她想她要开始洗衣服并打扫卧室。随着她走进儿子的房间，她感到一种悲伤和孤独的感觉。"不，"她说，"我不能这么多愁善感，我要坚强起来。感到难过，真是件很傻的事。"难过的感觉很快就过去了，她换下床单，拿起垃圾桶，下了楼。

玛利亚养成了这种和复杂情绪打交道的习惯，用这种方式她才应对了很多她生活之中的压力。这种策略看起来有不错的效果，但是现在，它意味着她和自己的感受之间被切断了。她害怕体验任何情绪，以免这些情绪会压倒她。她开始感到她与她自己以及她所爱的人不在一个轨道上。她总是感到自己有点被切断了，从来没有真正和别人在一起而不用感到不自在，她感到她在扮演角色。而她注意到最多的情况就是她持续地感觉到很累，毫无理由地有种被耗竭了的感觉。

某种程度上，她感到如果她任何时候一开始哭，她可能会哭个不停；她可能会为了整个世界，为那些她在生命中失去了的人和事，为她的错误决定，为她失去的孩子，为她没有实现的野心而哭泣。她可能会让自己感到非常丢脸、失望，那可能是很令人羞耻的、不可控制的。很久以前她就学会了躲避进入那危险的未知的情绪领地。

几周前，玛利亚来到了我们的正念项目中，她很享受身体扫描和瑜伽的练习，但是她发现呼吸冥想对她来说非常困难。她的头脑持续地出现走神，所以，她在练习中并不感到安心，不觉得这会给她带来任何好处。

接着，第 4 次课程到来了。指导老师引导大家做了一个冥想的练习——先关注呼吸，然后围绕着呼吸扩展觉察的领域，把身体作为一个整体包含在觉察之中。最开始，玛利亚没有意识到任何身体感觉。然后，她把某种感觉标记为不愉悦，在她胃部靠上，就在身体中部肋骨的下边附近，出现了轻微的感觉。那感觉并不强烈，也不疼，但它就在那里：是一种空空的感觉，在边缘处有种轻微的伸展的感觉。虽然关注起来很不愉悦，但有意思的是她之前从未注意到这感觉的存在。随着她将这些感受放在觉察之中，她觉察到了她儿子和女儿的画面，然后是房子中他们的空房间的画面。那种感受过去了，这是她生活里第一次离开课程的时候感到对一种不愉悦感受抱有兴趣，而不是去害怕它们。

现在，也就是那堂课的几天之后，在孩子们离开后，在她的空荡荡的大房子中，她倒空了垃圾筐然后上楼把它放回去。再一次，她感到一波悲伤。但这一次，并非赶走它，她允许自己坐在床边，和这些感受在身体中所产生影响的部位相协调。她变得能够觉察到在肋骨下边的感受，感觉到胳膊和腿都有些疲累。她把所有这些感受都放在觉察之中，而第一次她能够给这些感受一种空间，正像是在那些感受的周围、上面和下面有空气在移动。她开始哭泣，但并没有试着去停止。她感到很孤独，但并没有对自己的孤独有所否认。她感到对自己和自己的丈夫生气，但并没有感觉到这种感受有什么错。她发现，她慢慢冷静下来，并没有感到自己失去控制或者处在控制之中——控制的议题看上去多么地无关。她哭了一两分钟，接着是一些安静和静止的时刻。之后她流下更多的眼泪，然后再一次，回到平静。某种程度上，她感到心安，尽管并没有什么事情发生改变。她再也不感到害怕。她站起来，把垃圾桶放在房间角落，然后去准备上班。

对玛利亚来说，围绕着呼吸，把注意力扩展到对整个身体的觉察上的这个练习，给她提供了一个方法，帮她超越习惯性逃避而更有意愿去体验她心中的想法和身体上的感受。有很多方法可以帮我们重联那些我们忽略了或者推开了的方面。通过一系列正念练习，最终每个人都可以找到自己的独特方法，善待我们的一切情绪并从中学习。秉着这种精神，让我们看看另外两个练习（见专栏6-5）。它们可能帮助我们变得更加充满正念，更加能接纳我们有时很难以理解的感受。

专栏 6-5　对经历的愉悦和不愉悦特征有所觉察

我们如何能够在日常生活中变得对感受（愉悦的、不愉悦的或中性的）和我们的身体感觉更有觉察？你可能想试试做这个：

在接下来的几个小时中，只要你把某种经历标记为"愉悦的"或者"不愉悦的"，哪怕是在最短暂的一瞬间，也去注意一下。你可以用"愉悦和不愉悦事件日历"来保持记录，按照问题回答在某个瞬间正在发生着的情况，同时，特别去注意在每一个事件之中你的感受、想法以及身体感觉之间的相互作用。在每一个例子中都记录你的实际体验将会非常有价值。

保证能够在任何一个时刻觉察到愉悦或不愉悦的感受，要求我们对我们内在之中正在发生的事情非常敏感。当然，这要求我们要与之相协调，这恰好是经验性回避的反义词。在某种特定的经历中觉察到什么是愉悦的或不愉悦的，以及这种感受在身体中、心中和头脑中有什么感觉，有意识、有目的性去做这件事，不仅帮助我们变得对经验的实际性有更多的觉察，同时，也会开始纠正经验性回避这一自动化习惯。

这恰恰就是山姆在花了一周时间去注意日常生活中的愉悦时刻的过程中所经历的，这是他正在参加的正念课程的一部分。他的经验性回避曾经那么地极端，以至于他常发现只要不让自己忙个不停他就会睡着，即使他并不是生理上感到困。好像睡觉提供给他一种从感受的世界中麻痹自己的方式。在课程的早

> 我们能够从不同的角度培养对感受的觉知：对当下保持注意，看看有什么感觉出现，或者注意到一种特定的愉悦或不愉悦的感受，然后对与之共存的想法、其他感受以及感觉保持注意。

期，他显得有些退缩和隔离。接着，第 3 次课程到来了。山姆好像发生了改变：他看上去更有活力、更投入。他微笑了。当参加者受邀报告他们的愉悦事件日历时，山姆描述到，他发现他的生活比他之前所想象的具有多得多的愉悦事件：

一个经过的熟人的微笑，树在水上反射的影子。不用改变他生活的实际模式，山姆发现了很多幸福的小小源头，这些源头在他的生命中已经存在，等待他去发现。所有他需要做的只是有意地去将他的注意力与那些已经可以为他所用的事物相协调。只有他有意地关注他周围的世界，更有准备地去体验感受，这些可用性才会得以揭示。自然地，他就感到幸福了；但是，这并不是练习的主要目的。山姆正在探索的是如何冒着风险去投入到一刻接着一刻的生活之中，以生活本来的样子去体验，而非因为害怕它可能成为的样子而与之失去了联系。

光辉的田野

我曾见阳光透洒下来

点亮了一小片田野，

那么一瞬，

而我继续赶路，

置之脑后。

可那是无价的珍珠，

内部丰盈的一块宝田。

如今我意识到，

我必得倾我所有来赎取它。

人生不是匆匆赶往退却的未来，

亦非追怀回忆的过去。

而是转过身来，

如摩西转向燃烧荆棘的奇迹，

转向一片光辉。

曾经，那光辉看似短暂如你的青春，

却正是永恒在守望你。

——R.S. 托马斯，诗歌全集

⊞ 读取你自己的气压计

我们的同事特里什·巴特利发展出一个练习，该练习是为了把对情绪的觉察带入我们的日常生活。她把这个练习称为"身体气压计"，该练习的指导语经过她本人的允许得以写入本书之中（见专栏 6-6）。通过首先留心身体的一个广阔的区域（比如整个躯干），然后让我们识别出在这个广阔区域中的细微身体感受的一种特定模式（身体感觉和愉悦、不愉悦、中性的直觉感受的结合），这一系列的指导语让我们发现这常是之前并不知道的资源。对很多人来说，这一资源为日常生活提供了非常有帮助的指引。

专栏 6-6　身体气压计

如果你有一个气压计，或者看过别人查看它，你就知道首先你会轻轻地敲一敲玻璃，然后你会看一看玻璃里面的针头会向哪个方向移动。如果针头向上移动，气压正在升高，天气大概会变好。而如果针头向下移动，可能就是天气要下雨。但是，季节不同的情况下，得到的结果也不同，所以要预测天气是非常复杂的。

我们可以用类似的方式使用我们的身体，关于事情对我们而言有什么意义，在任何时刻都能得到非常敏感的信息。

这是你的做法：

1. 确定身体的一些部位，比如胸口区域或者腹部，或者二者之间的某个地方，那些对你来说是对压力或困难尤其敏感的区域。

2. 一旦你定位了这个地方，它就能成为你的"身体气压计"了，你可以和它相协调，每天在不同的时刻有规律地注意那里的感觉。如果你感到压力，你可能会注意到紧张或不舒服的感觉。根据困难的强烈程度，这些感觉可能非常明显，或者不是那么明显，而且可能随着你留心它们而发生一些变化。如果你在体验着放松和快乐，然后你与之相协调，你可能会注意到一些完全不同的感觉。

3. 随着你更多地练习读取你的身体气压计，你可能会发现你开始注意到细小的感觉变化，关于你一个瞬间和又一个瞬间正在感受着什么，这些感觉变化为你提供了更细微和更早期的信息，远远发生在你的头脑觉察到它们之前。

4. 任意时间里，你调谐到你的身体气压计上，如果你想的话，你可以转而去做一个呼吸空间练习（见第9章），帮助你和一种困难情境或不舒服保持同在。你也可以选择仅仅是去监视你的身体气压计在每一个瞬间里的感觉，和它们待在一起，正如它们本来的样子……允许事情这样子……尽你所能地接纳事物本来的样子……在每一个瞬间都和你的体验同在。

我们为什么可以选择花上一些时间和精力来培养一个更广阔的和更深入的对身体体验的觉知呢？我们已经找到了一些理由：它和我们的此时此地相联结；它减轻了经验性回避，让我们能和生命更加全然地联结；它让我们体验身体感觉和感受的方式变得不那么自动化；它打破了对不幸火上浇油、使我们的想法和判断偏离轨道的这一恶性循环。

当情境会激发不愉悦感受的时候去识别它，或者在我们那收紧的身体告诉我们我们已经有了反感的反应时就识别出来，这样我们就进而能够学会如何更加有技能地去反应。我们能学习如何以一种不同的方式与不愉悦的感受同在——这种方式并不会让我们受困于强迫性的当务之急、无限循环的过度反复思量，以及因此而造成无尽的不幸福和抑郁？我们能转变和我们情绪的关系吗？为了了解这一可能性，我们需要进入第7章。

和感受一起工作

　　我们不会忘记那些古老的神话——关于龙在最后的时刻转化成为公主的神话。大概我们生活中所有的龙都是公主，它们只是等待我们带着美丽和勇气行动，哪怕只有一次。大概会吓到我们的一切事物在其最深处的本质上都是无助的、想要得到我们的爱的。

　　所以，如果在你面前出现了一种悲伤，其强度强过于所有你所见过的悲伤，如果一种焦虑像光和云影一样笼罩在你的双手之上以及你所做的一切事情上，那么你都不必害怕。你一定要知道在你身上曾发生了一些事情，知道生活并没有忘记你；生活把你托在掌心上，不会让你跌倒。你为什么会想要堵住你生活里所有的不容易、所有的痛苦和所有的忧郁？因为说到底，你并不知道所有这些情况究竟在你的内心里做着什么工作。

　　——莱纳·玛利亚·里尔克（Rainer Maria Rilke）给一个年轻诗人的书信

任何要开始完成一段冒险的人都知道，在他们冒险的道路上会有看似无法逾越的阻碍。攀登者会接受数月训练，知道那看似不可能攀越的高峰之后就是平缓的斜坡。他们仔细钻研精细的地图，直到他们即使在睡梦中也能够看到他们即将翻越的土地。然而，即使再多准备也不能完全消除实际情况中的挑战。每一次攀登都有一个在刚遇到的时候看上去不可能完成的高峰。现在，我们在试图颠覆不幸福的循环的追求中就到达了这样一个关键的时刻。

现在在我们面前的挑战是去看看我们能否和我们不想要的情绪相处，同时不让它们变得更糟。因为我们如此容易就会陷入反感和行动模式之中，所以这一说法可能看上去很奇怪，而且像是一个不可能完成的任务。但是，如此的一种有目的、有意识的姿态，相当于自相矛盾地拥抱我们最恐惧的事物，却能够成为一个强有力的解放行动。是的，心智总是准备着跳出来，以一种解决问题的模式和困难情绪相处，对于不愉悦经验的反感以及我们反射性地会对哪怕是转瞬而逝的悲伤感所有的自我惩罚反应，都可能成为阻碍。但是，攀山者一直都在到达"不可能"的高度，运用他们在培训课中发展出来的技能和知识。学习本书就会提供一种现在处理我们的挑战所恰好需要的技能和知识。

在第6章里，我们探索了一些练习，这些练习帮助我们与身体的反感和不愉悦的信号相协调。在过去，我们可能如此地习惯去躲避消极情绪，我们再也不能识别出来是那些感受本身，还是我们的反感成为了一般情况下的"逃亡车"。这一章中，我们会进一步去学会识别、接近、接纳并善待那些情绪，这样的话它们就不至于会如此容易地触发一个抑郁的下滑螺旋。

善待我们曾经一度很长时间认为是"敌人"的情绪，这可能会和我们所有的自我保护本能是相反的方向。但是，当它真的发生时，还有什么可以做的吗？在此之前，当我们希望这些情绪离开而它们没有离开的时候，我们的选择是挣扎和受苦。也许是时候去探索另外一条途径了。

我们并没有说，在面对悲伤、低落、抑郁性的过度反复思考时培育正念是容易的。但它是可以做到的，它带来的是我们内在最深和最好的感受。在本书中我们提供了很多建议，用于更有技巧地联结我们的不愉悦体验。但是，最终，通过正念的培育，我们之中的每个人都会发展出我们自己的方式去转化我们与不愉悦、困难、威胁之间的关系。

使用我们已经描述的正念练习，我们就在很好地颠覆我们习惯性对困难和不愉悦体验的拒绝。将一种温和的开放和兴趣带入到麻烦之中，这本身就是接纳的一个极其重要的部分。最可贵的是，我们能一次又一次地提醒自己这一简单而又有力的真相：有意识地对某事物保持着觉察，已经表明它是可以去面对、命名和工作的。事实上，这还是去面对、命名并去工作的即刻的具体化体现。

▣ 在身体觉察中放置我们的信任

这里的关键是将不愉快的感受体验与习惯上跟随而来的膝跳反应般的反感分离——或者，如果我们已经陷入了反感之中，就将我们自己从它的引力中分离。就好像我们当初能够关注身体的感觉，以帮助自己识别出厌恶反应一样，我们主要的解决方式是通过身体更加有效地对触发反感的事件进行回应。通过身体来解决，使得困难能够保持足够长的时间，让我们看到，即使是我们认为自己正处在最糟糕的情况之中，那也是能够去解决的。当我们本能性存在的每一分毫都在告诉我们要去尽可能快地修理或摆脱困难时，这样的方法是尤其重要的。

如果有一些不愉悦感升起，大脑里负责警告潜在威胁的系统就会被激活。就好像是如果有一个响亮的警报器发出了响声，心智会优先注意到任何引发不愉悦感受的东西。我们可能会做很多的事情尝试去转移我们的注意力，比如打开电视机，但是警报器继续响着且不会因此关闭。担忧一直在侵扰着我们的意识。或早或晚，电视机开着或者关着，那些令人困扰的想法和感受就会如洪水般席卷回来。

这就是那个关键性的时刻。看似矛盾，但如果我们能够面对任何我们发现有些恐怖、困难或者郁闷的事物，而不是去徒劳地不断让自己转移注意，我们实际上就在做大脑想让我们做的事情：把优先级的注意力放在当前的要事之上。就是说，我们再也不按旧有的"做法"去照顾它了。我们正在接近那个时刻——不管它是什么，不管它是怎样的——不是通过反应，而是去回应，通过把一种开放的、富有空间的并且充满爱意的注意力带入那个时刻的感受之中，就在它在身体中表达自己的时候。现在，我们和警报器有了一种新的关系，为我们提供了一个可以替代无穷尽的思考的更可行的方法。

现在，我们再次看到了我们如何自动地对困难的情绪做出反应，触发头脑的行动模式，如此地受到心念的主导。我们在一开始可能会担心所有可能出错以及会让一切变得更糟糕的事情，然后开始思考能做点什么。我们挖掘旧有的记忆，身陷于无穷无尽的反复思考之流。因为这些反应在我们的内在气压计上登记为"不愉悦"，所以另外一个反感的无意识循环就会得到触发。

但现在，有另外一种可能性。我们正在学习读取这个内在气压计并且能够觉察到自己尝试推开一切的不愉悦感受，以及我们能够在身体里定位伴随着的不舒服的感觉——比如肌肉紧张、收缩或者支撑，这些非常重要的事实为我们提供了一个机会去使用身体的信息，打破向下通往反复思考以及抑郁的螺旋。我们能够通过信任自己，从而将困难的感受保持在觉察之中——一种包括了身体感受如何的觉察。甚至是对最细小的呼吸空间（在最先探测到的"不愉悦"的经历和即刻用反感去进行反应的倾向之间），做到顺其自然，我们就给了自己一些很有力且珍贵的机会，去滋养并塑造着自己的能力，帮助我们看到正在发生着什么并做出回应。我们利用自己心智中深深的智慧，一种不依靠于思维的智慧，去对困难做出回应，而回应的方式可以是富有转化力且自由自在的。

一旦我们注意到了一种不愉悦的感受，我们就尽自己所能地关注于我们在身体里如何体验这些感受。这在很大程度上是要将我们在那一个时刻对呼吸的觉察和任何不愉悦的体验相联结起来——也就是我们在第 6 章里所说的"共同呼吸"。和任何出现的感受一起呼吸倾向于稳定我们的头脑。正如我们在第 6 章中所见，它涉及要把我们对呼吸感觉的觉察进行扩展，包含我们对于身体里正体验着的其他相关感觉的觉察。用这样的方法去练习，包括有目的地在任何疼痛或不适的感受部位进行吸气，探索它的边界以及强度上的任何改变，允许我们的觉察去单纯地容纳所有感受。在这样的时刻里，我们就有了一个机会去识别任何反感的迹象，它们表现为身体某处的收缩。把对呼吸的觉察和对身体里其他感觉的觉察捆绑在一起，使呼吸成为觉察运动的载体，就好像它在身体扫描里的功能一样。但是，如果有想法和情绪出现的话，因为这一觉察本身也可以容纳想法和情绪，那么觉察的领域就可以很容易地识别并包容这些想法和情绪，而不需要去做什么。觉察本身就能够完成这些工作。

我们可以开始学习这种新的方式，通过第 6 章中介绍的正念瑜伽，来和我们的不愉悦感觉及感受相联结。你可能想要先阅读后面的部分，然后把书放下几分钟，跟着音频（第 3 轨）做一些伸展。尽你所能地，带着我们接下来要描述的思想去完成这些伸展。

在边界上工作

在我们通过正念瑜伽来练习伸展时，我们几乎不可避免地会在一些关键的位置发生至少某种程度的身体不适。这才使得这个练习成为如此有效的一个载体，帮助我们学习如何以更大的接纳、好奇、温和以及仁慈去接近那些困难的、我们不想要的时刻和体验。而且，即使是和很微弱的身体不适感一起工作，我们发展出来的新技能也能直接在后面任何可能出现的强烈的情绪化不适的情况中得以应用。

让我们想象，我们的双手在我们的头上，我们把整个身体都向上伸展，在我们的肩膀和上臂的位置开始感到不舒服。一种反应方式（回避的选择）是在我们感到任何不舒服的时候立刻回收，可能是即刻放低我们的双臂，把注意力放在身体的其他部位，甚至是完全放在身体以外的地方，可能开始注意一波想法或者意象。另一种可能（不温和的选择）是咬紧牙关，告诉自己我们就是必须要提高这种疼痛感和不适感，不要大惊小怪，好像这样才是练习的目的所在。接着我们甚至会更加努力去强迫自己伸展得更多。这里，也是一样的，我们可能会通过麻木自己，去除我们在身体里的这些正在体验着不适感的部位上应有的觉察。

还有第三个选择，那就是在退缩于第一个不舒服的信号与强迫我们自己去达到一些自我设定的忍耐标准之间找到一个平衡。这个正念的选择要求你在一种温和的滋养精神中接近当下的情境，利用伸展来扩展我们联系不舒适感受的方法。我们直接把注意力放在不舒适的区域里，尽我们所能地，利用呼吸作为一个载体，把觉察带入到那一区域中，就如我们在身体扫描中所做的一样。带着一种温和的好奇心，我们接着就会去探索我们会在那里发现什么——躯体感觉和感受，来来去去，有所变化。我们直接去感觉，大概会关注到强烈的程度随着时间而有任何的变化。这里的思想并不是在一个姿势中保持住，直到你感到疼痛为止。它更像是你去体验某一特定伸展或姿势中的动作限度，然后在那里停留，而不用强迫或者逼迫自己承受强烈的感觉。整个过程中我们都将注意力保持在感觉和感受本身之上，尽我们所能。我们关注于感觉的躯体特征，任何紧张、支撑、灼热、抽搐或者发抖的感觉，和这些感觉共同呼吸，尽我们所能。在觉察之中，我们让那些关于这些感觉意味着什么的想法简单地来去。

我们可以和感觉的强烈程度玩耍，通过实际地改变伸展本身，试验性地在边界上工作，为我们自己去探索身体是如何直接回应的。这一方法给了我们一种有能力的感觉，能够去调整不愉悦感觉的强烈程度。这同时也是一种可以很温和地滋养我们自己的方式，同时我们依然学习着如何以一种全新的方式与任何发生的事情有所关联。我们不去尝试强迫自己超越当下我们的限制。

身体提供了一个美妙的舞台，在这里我们可以直接目睹反感的后果，以及接纳性的觉察能够去消融那种反感的力量。例如，随着我们继续保持双臂向头上方伸展，我们就开始对越来越强烈的不舒适感有所觉察，这时我们可以邀请自己去简单地扫描身体，看看我们是否能找到一些肌肉非常紧张、收紧的区域，即使那些肌肉没有直接涉及伸展双臂的动作。很常见的是，你会觉察到面部的紧张和收缩，如下巴或者前额。显然，这些肌肉在维持双臂上举的动作中没有做出任何实质性的贡献。那么，为什么它们是收紧的？它们的收紧就是一个很简单的迹象，说明我们对不舒适的体验用反感做出反应。了解到这一点，我们就可以在吸气的时候将一种温和而好奇的、滋养性的注意力吸入到这些肌肉之中，同时在呼气中，我们让自己放下任何阻抗或者支撑的感觉。尽我们所能地，我们让任何紧绷感在呼气之中释放，以它所能够到达的程度。总之，面部肌肉越来越感到放松和轻快就是直接的反馈，说明我们正念地，或多或少，将我们自己从绷紧或支撑的自动化习惯中释放，没有用反感去对抗不舒适。

正念的伸展为我们提供了一个非常有效的训练基础，探索这种崭新的、反直觉性的、用于回应不舒适感受的方式。它本身还提供了一个无价的方法，在我们感到自己即将滑向不快乐时，让我们改变心智的模式。

> 面部可以成为一个指示张力的"天气风向标"，它表明正在发生着的反感。增加面部肌肉的柔软性可以说明某种程度上人们正念地远离了反感。

例如，我们可以播放正念瑜伽的指导语，仅仅是通过关注身体的动作和感觉，一段时间后，大概就会复原我们心智的清静了。当心境很快恶化的时候，当我们可能已经感到自己难以集中注意力的时候，如果能把自己根植于觉察之中，随着我们伸展或者弯曲我们的身体，对非常切实地出现了的感觉有所觉察，那将会很有帮助。这一温和但却总是很有挑战性的身体活动还能够具有一个直接的令人愉悦或唤醒的效果，那就是它可能切断一种无精打采的状态，这种状态会在不快乐的感受加重的时候随之出现。事实上，很多人发现很难在做正念瑜伽的同时停留在悲伤或焦虑的状态之中。就好像我们直白又具有象征意义地扫清了我们的身体一样，而紧跟着，也扫清了我们的心智。

在静坐冥想中和边界工作

我们在第 6 章中看到，在静坐冥想之中，我们在保持静止不动一段相对较长的时间后，如何就进入到了某种程度的不舒适感受中，尤其是当我们盘腿坐在地板上时。一或两个膝盖、后背、颈部，或者肩膀可能会开始疼痛，而疼痛会随时间而加重，有时非常剧烈。静坐冥想邀请我们首先留心呼吸感觉本身，然后在相对稳定之后逐渐扩展觉察的领域，涵盖一种身体作为一个整体的感觉，或者任何可能成为强烈感受的焦点的特定区域。所以在这里有了另外一个有效果的机会，正如正念瑜伽一样，它让我们发展我们在边界上工作的能力，善待我们的身体经验，通过转而面向当下所存在的感觉并顺其自然，即使我们的第一反应是强烈的反感。正如我们在第 6 章中所见，当我们的注意力反复陷入这种不舒适感受之中时，我们可以把这些最剧烈感受的区域融入觉察的领域中，并且以它们本来的样子去体验它们，一个瞬间接着又一个瞬间，再一次强调，即使在最初你只能在很短暂的瞬间里做到。我们又来到了这里，在边界上工作，通过进入并拥抱那些感受，温和地、充满关爱地聚焦于我们的边界和限制，直到我们感觉已经在那一刻到达了我们的边界之上。接下来，我们有目的地、小心地把我们的注意力从最强烈的区域转移，在我们已经收集并重组了我们的资源之后，准备好回来这里。我们可以用很多种方式去完成这项工作：

- 一种可能性是在强烈感受的整体区域内转换注意。并非关注于最强烈的区域，我们关注的是不那么强烈的区域；

- 另一种可能性是和不舒适的感受共同呼吸，觉察到强烈感觉的同时，在背景上觉察到我们的呼吸；

- 或者，如果强烈感受变得越来越势不可挡，我们就可以把注意的焦点从那一区域全部转移，而单独只关注于我们的呼吸；

- 而且在静坐冥想中如果感受变得太过于强烈，我们也可以选择去移动，改变我们的姿势。这本身就是一个亲和且具有智慧的行动，而不代表着失败。我们也可以带着觉察去改变我们的姿势，那样就存在一个持续的觉察，而不在于我们对感觉的强烈程度有何种回应。

这里的关键之处在于，练习本身让我们发现，保持与我们的内在体验有所关联可以有不同的方式，甚至是通过那些不愉悦的、困难的经历。它提醒我们，我们不是必须把自己一次就扔到尽头，更像是用我们的大脚趾先在水中试探它的温度。

在此我们学到觉察的力量，它包含一切出现之物，而不用逼迫自己或者尝试逃离，它可以在其他强烈的身体或情绪痛苦的经历中得以应用。我们可以照顾好我们自己，通过把任何感受拥入觉察的怀抱中，使这种觉察中充满仁慈和温和的开放，充满对于实际正在我们身上发生着的事情抱有的兴趣——不管是什么。

> 抛弃那尝试忽略或消除身体不适感的状态，转而以友好的好奇心去关注，我们就能够转化我们的经历。

安东尼的故事

安东尼的经验表明，培养正念使转化变为可能。因为持续感到紧张和心神不安，他来到了正念的课堂上。但是，关注他的身体仅仅让他更觉察到自己的不舒服。他在一开始并不能和身体的紧张感受在一起。他一直想让事情变得与现在不同，而当他尝试冥想却发现他没有感到好一点的时候，他感到受挫。然后，有一天，在丛林里遛狗时，他的狗侵扰了一个马蜂窝。在他把自己的狗拖走之后，安东尼发现他自己的腿上遍布着那些马蜂。有一些开始叮咬他，他不得不快速回家，敷上一些药膏。一两天之后，那些被叮咬的地方不再疼痛，却开始变得出奇地痒。有人非常同情地告诉安东尼不要去抓挠，但他实在是无法忍受那种强烈的痒感。他决定实验将觉察带入他的痒感和不适感之中，更仔细地研究它。他注意到，痒感并不是单一的感受而是多重感受。而且，这一堆感受会在每一个时刻有所改变，一些感觉变得更快，一些变得更慢。

后来，安东尼能够把他在对付不舒服的痒感上学会的技能应用于与情绪有着更直接关系的不适感。当他的身体感到紧张时，并非感到无比厌烦或者尝试去忽略，他现在能待在强烈感受之中，与之同呼吸，去到更近的地方，与各种各样的相关感觉保持亲密的接触。他发现自己能够为他的身体带入更大的同情心，而对他自己也有了一个更能接受的态度。

安东尼学到了回避困难（关闭体验）和趋近困难（敞开经验）的不同。他发现，这种差别可以是非常细微的，但又非常具有释放性。正是因为从回避转变为开放，伴随而来的是整个回避背后的心智模式改变，而且新的模式（正如"迷宫里的老鼠"实验）使更灵活的回应变为可能，这样的一种自由感应运而生。

当我们能在身体里感觉到我们由于预期一些威胁将要到来，正在变得更紧张或者支撑着我们自己，那就说明我们的心智开启了回避模式。作为回应，我们的正念会带来趋近的特性，比如勇气和好奇心、同情心和善意，并且正念会使心智开启回避模式的倾向平衡为一种"欢迎"的模式。

> 现在，我们在身体中建立了信任，并且培养了我们照顾自己的能力。

正念觉察，学习如何与不愉悦感受相处，这些并不是要努力实现在困难面前保持某种幸福的理想——那将是另外一个我们要去修正的目标。反而，它好像是说我们沐浴在困难的情境中，甚至是在我们对之存有的反感之中，用一种开放的、富有同情心的、接纳的觉察，就像一个拥抱着受伤的小孩的母亲一样。这个例子我们不仅可以放在身体不适的领域，也可以放在情绪不适的领域中。

转化困难的情绪

不愉悦的情绪总是会伴随着身体中的感受。如果我们温和地、有意志力地将我们的注意力刚好放在强烈感受和不适的区域中，我们就会看到即刻的效果和长时程的效果。立即地，我们让任何无用的心智的回避倾向短路了。我们还干扰了身体感觉、感受以及想法之间的自动联结，这些链接保持着恶性的循环，令心境恶化呈螺旋式发展。从长期来看，我们发展出更有技能的存在方式，关联着不舒适的经验。不要把它们看成是"糟糕的、具有威胁性的事情"，这种观点会触发回避倾向，让我们陷入痛苦中，反而，我们应该把不愉悦的经历看做它们本来的样子——经过的心理事件，一系列的身体感觉、感受和想法。尽我们所能地，我们带着兴趣和好奇问候它们，而非带着不安、痛恨和恐惧。我们欢迎它们的到来，因为反正它们已经在这里了。

在正念认知行为治疗课程中，我们特别设计了一个练习，目的是探索情绪挑战情境的实质。这个练习帮我们在那些关键时刻探索并培养更加富有技巧的回应。我们开始于有目的地在脑海中思考一件困难的情境或事件。然后我们与身体打交道，带入觉察，在其中呼吸，在里面发现一个更广阔的空间，这个空间是可能存在的。下面是该练习的指导语。我们建议，你在开始跟随指导语做这一练习之前，先通过关注你的呼吸和身体几分钟来安定下来（见专栏 7-1）。

专栏 7-1　邀请困难进来并且通过身体与之工作

静坐几分钟，关注呼吸的感觉，然后拓展觉察，纳入身体作为一个整体的感受（见第 6 章中的"静坐冥想：呼吸和身体的冥想"）。

当你准备好的时候，看看你能不能把一段目前正在你的生活里发生着的困难事情带入到脑海中，那是你不介意停留在里面一段很短时间的事情。它不必非常重要或关键，但你觉察到它好像令你并不愉快，而且是仍然没有解决的事情。可能是一次误会或争吵，因为发生了一些事情使你在这种情境中感到愤怒、后悔或者内疚。如果并没有什么浮现在脑海里，可能你可以从过去的经历中选择一些事情，要么是最近的，要么是很久以前的经历，曾经引起不愉悦的感受。

现在，一旦你关注到了一些令人麻烦的想法或情况——某些担忧或者强烈的感受，让你自己花一些时间去找到困难激起的身体中的生理感觉。看看你能否指明、接近，然后去向内探索，在你身体里有什么感受正在升起，对那些身体感觉保持正念，有目的地以一种拥抱和欢迎的姿态把你的注意力焦点放在身体的这个区域里，在这里你的感受是最强烈的。这一姿态可以包括在吸气的时候将气体吸入那一个身体部位，而在呼气的时候从那个区域呼出气体，探索着你的感觉，观察着感受的强度从一个时刻到另一个时刻增大又减小。

一旦你的注意力在身体感觉中安定下来，且这些感受在觉察的领域中生动地存在，正如它们可能有的那种不愉悦的感受一样，这时，你可以尝试对任何你在体验着的感受加深你的接纳和开放态度，通过不断对你自己说："它现在就在这里。这是可以的。不管它是什么，它已经在这里了。让我对它敞开。"然后只要待在对身体感觉的觉察之中，保持觉察你与身体感觉的关系，与之一起呼吸，接纳它们，让它们在那里，允许它们是它们自己。如果你重复去说，"它现在就在这里，不管它是什么，它已经在这里了，让我对它敞开"，可能会很有帮助。软化你觉察到的感觉并对之敞开，放下紧绷感和支撑感。在呼气时对你自己说："软化"、"开放"。记住这一点，在你对自己说"它已经在这里"或"这是可以的"的时候，你就没有在批判本来的情境，也不是说一切都没有问题，而只是在帮助你在此时此刻觉察，对身体里的感觉保持开放。如果你想的话，你还可以去实验随着你每一刻的呼吸都带来了感觉，一边觉察身体的感觉，一边觉察呼吸进出时的感受。

当你注意到你的身体感觉不再以同样的程度拉扯着你的注意力时，就单纯地全然回到你的呼吸上，继续把呼吸当做注意力的主要目标。

如果后面的几分钟也没有出现强烈的身体感觉，你可以随意尝试在你注意到的任何身体感觉上做这个练习，即使在那些感觉中没有特别的情绪负荷。

阿曼达的故事

阿曼达，我们课程中的一名参与者，在最开始做这个练习时有了一些麻烦。当她被引导着去把一个困难的情境带入脑海中时，她的第一反应是："我不确定我能否做到。我想不出任何东西。"她担心她会错失这次练习。然后，突然有了一件事进入到她的脑海里，和她的儿子有关系。

"他最近真的让我们很难熬——在外面逗留很长时间，和我们不能信任的人在一起。我们两个月前有一次很大的危机，连警察都来了。在这件事进入我的脑海中之后，立刻我就知道很难让它再从我的头脑中消失。我尝试完全不去想它，但是每次我这样做，我就会想'到底我在哪里做错了？'"

阿曼达相信她不能把这个困难从脑中清除，因为她的经历是说她以前在这件事上"失败"了。现在她在批判和责备她自己，质问自己做了什么而导致了这种进退两难的局面。注意，这种麻烦情境立刻会开启我们称为"过度反复思考"的驱动模式。

接下来的引导是关注身体感觉和感受，对她来讲那非常难以做到。最开始，好像是她的呼吸完全卡住了。然后她识别出来，她身体的大部分区域都极度紧张。一般来讲，她会绝望地尝试去想点别的——让自己分心，想想正面的东西。但是这里她被邀请留心那些感到最紧张的身体区域，并且在那里呼吸。在那一刻，仅仅是意识到她有多么紧张，阿曼达有目的地扩展了她的注意力，同时包括整个身体，以及呼吸进入的地方——在那里紧张和收缩的感觉是最强烈的。

那之后发生的事情完全出乎人意料。她突然开始觉察到她可以给那些感受一些空间。"好像突然变成了一个很大的很空的空间，有空气进进出出，"她说，"你知道，有时候你度假回来时你的房子里有一点霉味了，你就要打开所有的门窗来通通风。嗯，就像是那样——把门窗打开，窗帘被风吹着，空气进进出出。这实在太令人惊喜了。和我儿子之间的张力还在那里。我想，哦，你还在那儿，但是没关系——风吹进来，而一切都很好。"

这一令人出乎意料的区别看起来是说阿曼达能够去面对她的困难了。她身体里的感受还有一点紧，但是紧张的区域看上去更小了，有一种空气能够在那里流动的感觉。

阿曼达的经历表明，我们的确可能和困难的情绪和记忆工作，而工作方式就是去认可它们，允许它们存在，而不去把它们推开。我们可以如此轻松地把冥想当做一个聪明的方法，用于摆脱那些吓人的心智状态。但是，正念并不是要摆脱任何东西，也不是要"不让"这些感受在最开始出现，记住这一点非常重要。反而，培养对情绪状态的正念背后的目的是学会我们如何能够与那些情绪相连而不把我们困在不幸之中。知道我们正走在正确的轨道上的一个方法是，在我们抱有这些感受时我们会有一种空灵感。感受还在那里，就在那个时刻，就好像阿曼达一样，但是，某种程度上那些情绪没有占据我们心智的全部空间。它们在一个更大的觉察中被看到、被保持，这种觉察是敏锐的、坦率的。而且，足够有趣的是，这是你能够为自己去探索的事情，也可以去与之嬉戏——觉察本身并不是痛苦的或者不快乐的，也完全没有被任何事物抓住。

阿曼达对她自己与其具体困难经历的描述是有揭示意义的。"开始时，"她说，"就好像有一大块石头。巨大的。它如此坚固以至于你不能对它做什么，但之后它缩小为一块小石头。它还是石头，但是它变小了。这真的非常好。因为我认为大概我以前一直在否认我的这个问题，好像是坐在上面而不让它完全浮现出来。我以前从未允许它简单地存在于此。我以为它会压倒我。它巨大地无法进入，所以我的自然反应就会是仅仅去紧张起来，推开它，完全没有去面对。"

> 有意识地留心困难，如果此时希望这样做会帮助摆脱掉那困难，可能只会让我们更加感到被困住。

阿曼达发现了允许事物以其本来的样子存在在这里的转化性力量。正如我们在第 6 章中所描述的老鼠和迷宫的实验一样，逃离自己所害怕物体的同样的行动，相比于受驱动去趋近积极面而言，其结果是完全不同的。

麦格的故事

我们刚刚描述的练习的关键是，在一个治疗性课程的实验室中，在冥想练习本身之中，提供一个又一个的机会去探索和发现更有效的对不愉悦感受和情绪作出回应的方式。在这个公认有高度容纳性的正式学习场所内发展出来的技能，能够被用于任何它们所需要被应用的地方——在我们每日的生活中。有时，那效果是非常巨大的，正如麦格所发现的：

"我昨天醒来时感到非常生气。我气得冒烟。我知道到底是为了什么。之前的一天我见了我的导师（我在上夜间课程以获得资格——嗯，我们都要做一个项目）。她之前保证她会在见面之前读我的项目草书，那样她就能给我一些反馈了。截止日期很快就到了，而我有很多其他的工作要做，所以我现在就需要她的评语，那样我就能在假期里继续去干活。我到达那里后，她道歉说她还没能去看，她出差了，等等。她随便翻阅了一下，给了我一些如何重新起草的大致意见，并且说我会过关的。会面结束了，而且我感到我关于这件事基本上没有什么问题。我决定第二天早上重新起草，然后就睡觉了。那就是前天发生的事情。"

"但是我见完她的第二天早上，我醒来感到真的很苦涩。我所有这些愤怒的想法来回在我的头脑里出现：她之前知道什么时候会得到我的草稿；她就是不关心。大概她不想指导我。嗯，如果她真的那样想的话，我会退课。我不必继续。我就简单地给她留一张字条，告诉她我不会回到课上了。那她就会感到不好意思了。我告诉自己这样想非常愚蠢；我是在过度反应。但是在我以为我冷静下来了之后，很快有另一个愤怒的想法冒出来，或者我会想象她打开我留的字条，或者想象我自己离开大学。"

"我认为我大概躺在那里 5 分钟，气得冒烟。然后我记起了我们学过当我们感到被这种自我对话封锁的时候可以做什么——从思考转移，转而觉察那些想法和情绪在我的身体里有何感受。我就把我的注意力转移到我的身体上，而且能够感到很清楚地在我的胸口和胃部有一种紧张感。我躺在床上，简单地保持对那些感受的感觉，正如它们好像发生在我的身体里。下一刻，那些感觉不见了，和它们一起不见的正是愤怒。就是那样，突然之间。我无法相信，好像我就是碰了一个肥皂泡，它就那样消失了。"

"我起床，来到我的书桌前，打开我的计算机，开始重新起草我的项目书。尽管有时候我仍然会想她并没有读过我的作品，但这些再也不会有能力去激怒我了。"

这看起来就像魔术一样。确实，参加了正念培训课程的人们有时会使用一些词语诸如"奇迹"来描述他们的体验，就像麦格一样。随着正念技能的发展，我们越来越能够观察到想法和感受，好像它们是从一壶开水的底部浮上来的泡泡，我们简单地看着它们在表面爆裂。有时候就好像是觉察本身，在触碰想法或情绪的时候，让它们"灭了"，就像麦格的肥皂泡一样。西藏人有时候在这个方面会说，想法在纯净的觉察领域中"自我释放"了。

麦格的经历表明，当我们经历一些困难和自己不想要的情绪时，我们可以在那些感受和情绪在身体里得以体验时，通过有意识地把一种仁慈的、允许性的觉察带入其中，从而转化我们的经验。再说一次，我们看到，在那些最先表明情绪反应性出现的时刻，通过在身体里工作而培养觉察，使我们远离了那种会进入持久不幸福和抑郁的可能性。它向我们提供与任何存在着的不愉快感受相处的方法，没有斗争，甚至是在我们经受着的任何困难挑战之中，它提供一种全然地体验活着的感受的可能性。

▣ 选取诚实和开放之路

现在你应该清楚了，通过身体和困难一起工作并不是说你要严肃地去思考那痛苦。正念并不是一种淡泊的练习。安东尼、麦格和阿曼达很勇敢地把一种好奇和自我同情的元素带入到他们的体验之中，而那正是改变了他们与困难情绪之间的关系的原因。

在过去，他们每个人在身体里感到的紧张都和他们尝试保护自己不要被这些困难情绪所压倒有关系。而那样做的结果只是冻住了自然的情绪加工的开展和解决。反感和回避，所有伴随着的紧张，都阻止着我们超越自我批评的旧伤口和旧习惯。

无条件地在困难面前放下我们习惯性和直觉性的防御，要获得能够这样去做的自信，肯定需要花上一些时间。有时，特别是那些从严重创伤中幸存的人，有效地完成这项工作要求有一个充满保护和支持性的治疗环境。我们每个人都需要选择自己的步调，从而使我们能在痛苦或困难的感受的边缘去工作，尤其是当那些感受包含着痛苦记忆的时候。转向这些感受，愿意去体验它们，那是很勇敢的，但它也可能看起来是疯狂的，因为这与我们自我保护的常识性本能恰好相反。但是，最后来分析，如果我们想要自由，解除心智的习惯性反应，我们可能没有选择——最终，诚实和真正的开放之路可能是唯一的提供疗愈和解决的途径。其他的选择中，你可能就不会走得如此深入，或者可能会因为缺乏真实性而令人受苦。

这种全然接纳的态度在鲁米（Rumi）的诗歌《客栈》中被表达得简单又深奥，那是一首 13 世纪的苏菲派诗歌。

客栈

做人就像是一家客栈。

每个早晨都是一位新到的客人。

快乐、沮丧、卑鄙，

一瞬的觉悟来临，

就像一位不速之客。

欢迎和招待每一位客人！

即使他们是一群悲伤之徒，

来扫荡你的客房，

将家具一扫而光。

但你还是要款待每一位宾客。
他或许会为你打扫，
并带来新的喜悦。

即便是阴暗的思想、羞耻和怨恨，
你也要在门口笑脸相迎，
邀请他们进来。

无论谁来，都要感激，
因为每一位都是由世外派来，
指引你的向导。

将更广阔的一刻接着又一刻的觉知带入一个旧有的伤口，或是当前的痛苦，或是一段困难之中，其美丽之处在于它为我们的心智和身体开启了新的可能性。那是在说："让我们重新来到这里。让我们允许困难在这里——我现在就要和它在一起，在每一刻，正如它是一个在半夜生病的孩子，需要被温柔地抱着，需要被安慰。"

> 一种全然的接纳能够防止我们在痛苦经历面前渐渐变得受限与减损。它邀请我们全然地去体验生命的财富，即使事物可能是在它们最糟糕的境地中。

温和与温柔的精神还结合着一种冒险和发现的精神："让我们看看这一刻那是什么、还有这一刻、还有这一刻。"这就是说，我们只有这一刻的问题，而且它们在这一时刻甚至可能不是问题——并非把一切问题都堆到下周、明年或者我们的余生，那会使我们反射式地陷入行动。如果我们的想法劝我们说，我们的生活会一直像这样（"这就是我的样子"），那么带来痛苦、紧张或悲伤的东西就会继续出现，甚至带来更大的受苦。但如果我们只为了这一刻在这里，并且确实"在"这一刻，和这些想法、感受以及身体感觉在一起，且心智的模式在某种程度上在现在这个下一刻有所改变了，而现在，在一个下一刻有所改变了，那么，事物就能够以一种截然不同的方式得以开展。永远只有现在，因此，正如《客栈》暗示我们的一样，永远可以用非常相同的方法去"工作"。

在与困难情绪共存之中获得的智慧

对我们的困难情绪保留我们的评价，转换我们的知觉，可以给我们提供巨大的帮助。不愉悦的情绪是一个随时变化的生理感觉、想法以及感受的集合体，而愉悦的情绪也是如此。它们看上去有自己的生命，但是我们可以在觉察中与之相遇、拥抱。当我们说和情绪在一起时，指的是深入地去面对它们。在疗愈的心中，以及我们向自己做出的疗愈的姿态，那是温和的、仁慈的接纳，不管我们在困难本身之中发现的是什么。这些发现可能是令人吃惊的。我们可能发现，恐惧一直都会浮到觉察的表面，甚至有时我们意识不到自己到底怕的是什么。我们可能会第一次注意到，一种深深的疼痛的空虚感。大概我们还会发现，我们之前一直以为自己感受到的无聊的疼痛其实是会潮涨潮落，会起起伏伏，而且那里面还包含有一系列的我们完全不会描述为疼痛的感受。这些感受是此时此刻我们的一部分，只是知道这一点，并且全然接纳这一点，这就能帮助我们防止心智转换到反感的模式。这个模式会导致绝望的、徘徊不去的想法——"如何摆脱这些感受"。

关注困难体验中十足的生理性征能够催化重要的知觉转变，也能帮助我们熟悉我们自己的身体感觉，这些标志着反感的感觉有着具体的独特的模式。学会识别这些模式会帮助我们更快地识别他们。那么，看到这些有特点的模式在我们的生活中一次又一次地突然出现，有力地证明了困难的情绪既不是一个问题也不是一个威胁……而反感本身也只是一种旧有的习惯而已。最终，我们可能甚至会简单地把它当做一个非常熟悉的常客——"哦，你又来了"。通过一次又一次地目睹这个客人对我们施加的影响，我们可以开始更清楚地看到，这些到来没有为我们、为他人带来任何好处，而且看到它们从来都不是像我们认为的那样有影响力，不管它们是带着多么大的痛苦而来。这个重要的认识会帮助我们安心，不被陷入反感对我们的掌控中。

　　这个认识对于受苦体验也有着奇特的影响。你在开始练习正念觉察之后是否会仍然处于痛苦中，这个问题是不可能回答的。我们只能在一个时刻知道，只有在它到来的时刻，只有在我们看到它的时刻。我们可以回答的是，如果那里有痛苦，痛苦是能够被抱持在开放之中的——正如鲁米所呼求的，而比起其他方式，这使得痛苦更容易承受。

> 回避困难是一个不可抗拒的旧有习惯。但我们有另一种选择。

　　通过把正念觉察带入在我们经验中实际展开的内容，我们就不必去改变身体里最底层的感觉了。但是，每一次都有机会让我们以更高的准确度去看正在发生着什么。那会给我们选择的力量。我们能够决定和旧有的习惯保持一个完全不同的关系。我们可以决定，要么选择对所有那些悲伤或愤怒的想法、感受保持觉察的开放，如《客栈》里建议的那样，要么选择屈服于我们后退或回避的习惯性倾向。

　　我们旧有的习惯可能会尝试说服我们：回避困难是必要的。但这并不是真的。另一种选择是有的。我们可以从那些拖垮我们或抑制我们的事物中解脱。一旦我们知道如何去看，我们就会明白，比起我们在不满的内在牢笼中所想象的结果，这个世界其实拥有更多的希望。

第8章

把想法当作心智的产物来工作

想象你的年龄是 12 岁，你在学校。这一天拖拖拉拉的，但是当你想到今天是周三后你突然感到快活起来。你的爸爸答应了你今天下午会来接你去买一双新的跑鞋。你的爸爸和妈妈分开已经 7 个月了。你很想念你的爸爸，所以你期待这次购物的旅行。

下学之后，你没有和其他小孩一起去等公交车。你留在教学楼里一段时间然后你向路边走去。你爸爸没在那里，但是这没关系。他会信守诺言的。他从来没有说话不算话。10 分钟，之后 15 分钟，过去了，你看到一些老师开车离开学校。其中一个停车问你还好吗，你说"好"。半小时又过去了，天开始黑了。所有校车都离开很长时间了。

你开始担心你爸爸去哪里了。他遇上事故了吗？他忘了吗？肯定没忘。你真希望有一个手机，那样就能给他打电话了。你想起来其他的一些你感到孤单的时候，你开始感到痛苦。你想知道事情在哪里出了差错。你在学校里感觉也不是很好，你不像其他孩子那样有好朋友。

你尝试让自己开心起来。今晚的电视节目是什么？不起作用。你喜欢的电视节目是昨天，周一晚上。周一？那就是说今天不是周三！你记错了日子。你感到自己很傻，但也还是放心了，甚至感到开心。你跑回了学校，问门卫你能不能给妈妈打电话。

当你读下来，想象你自己是那个孩子的时候你有什么感觉？你脑海里闪过了什么念头？你可能注意到了，作为那个孩子，你的感受首先取决于在每个阶段你是怎么想的，想象你父亲出了什么事情，然后取决于这些事情让你想起来生活里更普遍的一些事情。在上面的剧本中，很容易能看到，一件事情激活的一些想法如何给心智带来了其他的想法和感受。比如，因为被爸爸扔下了而感到的孤独导致孩子想起他自己不如其他人那样有很多亲近的朋友——对我们之中的很多人而言，这种感受一直持续到成年时期。

故事的转折点是孩子意识到他弄错了日子的时候。这个新的信息，今天不是周三，完全改变了孩子如何看待这个事件。情绪的改变紧跟着视角的改变而出现。

> 我们总是在给自己解释这个世界。我们对这些解释，不是对事实，做出情绪化的反应。

尽管这只是一个故事，但我们都能想起一些情况中我们错误地解释了事情，就像故事里的孩子所做的一样。常常只是在这种情况中，我们看到我们的情绪有多么依赖于我们对情境的解读。大部分时候我们得不到这样的一个现实检验。

我们的心智在这里是如何运作的，并不是特别神秘。心智会创造一个叙事故事，符合我们所看到的事实。一旦这个故事被创造出来，它就很难再消失。但是那个故事会对我们的情绪和感受有着令人惊奇的强大效果。即使这个故事全部或部分偏离事实，它都会触碰到我们的情绪按钮。那个孩子体验到的所有感受（关于父亲的担心，被抛弃的感觉，孤独感），都来自于一个从未真正发生的事件。孩子只是认为爸爸没有在约定时间出现。

一个世纪前，弗洛伊德（Sigmund Freud）推广了他的思想，我们都有一个深深存在于我们意识表面下方的无意识，以非常复杂的、耗费大量时间才能被发现和理解的一种方式驱动着我们的行动。主流的学院派心理学拒绝了这些思想（因为它们无法被证实），而是关注于可以观察的行为（在著名的"行为主义"运动之中）。这个反对弗洛伊德的反应如此强烈，以至于直到 20 世纪 60 年代末和 70 年代那些行为取向的心理治疗学家才开始认真地考虑病人们的内在世界——想法、记忆、思想、预期、计划等这些主观的领域。并且，他们有了重大的发现：大部分驱动我们情绪和行为的不是在深深的无意识里，而只是在意识层面下面而已。不仅如此，这个丰富的内在世界带着它自己的动机、期待、解读和故事脉络，如果我们勇于去看的话，我们所有人都是能够看到它的。我们所有人都能变得对头脑里进行着的"意识流"更加觉察，一个瞬间又一个瞬间。它常常表现为奔流不息的解说。它可能会伤害我们，不是因为它很深邃，而是因为它是未被看管的。我们对它如此习惯以至于注意不到它在这里。而且，它塑造着我们的生活。

一旦我们对一个情境有所反应，我们很少会回来检查我们的解读是否符合真相。当然，一位父亲可能真的忘记了和儿子的约会（他们有时确实会忘记）。但是，最常发生的是，我们的心智不去考虑可能的范围，我们对待最先产生的想法如同它们是现实情况的真实读取一样。

在学校里等待的孩子的例子以及第 1 章中我们让你想象的朋友未能在街上认出你的例子，显示了在我们心境和思考中的一点点变化都足以决定我们的整个视角。随着心不断反复思考着，想要找到那总也不出现的答案，这些小转变会最终纠结我们的头脑，创造出更多感受和螺旋式向下恶化的心境。并且因此我们编造了一个故事，一出关于我的戏剧——这个故事使我们逐渐走神到离此时此地非常远、离事情本来的面目非常

> 我们关于自己写下的叙述故事很快会被设定为具体的用于未来的参考点——不管它们与此时此地的真相相距有多远。

远的地方。一旦这个故事的那些用词在头脑中被设定，我们可能就开始依靠它们，把它们当做所有当下和未来的判断的参考点，而从不重新与此时此地核对。对我们来说，想法的描述成了刻在石头上的字，而不是写在水面上的。

▢ 把想法只看作想法

正如第 1 章和第 2 章解释的，我们的想法影响我们的感受和身体感觉，而想法本身也受到我们的感受和身体感觉的影响。但是，不管那些想法给我们带来的感受有多么强烈，也不意味着我们的想法就是真实的。

正如我们所看到的，在正念项目中，一个非常重要的策略是去和身体里的直接感受体验工作。只要有想法进来，在正念中，我们关注的是培养与想法之间的一个全新的、非常不同的关系，让想法在这里，而不是去分析它们，尝试着理解它们从哪里来，或者尝试用任何方法摆脱它们。我们用正念来看到想法就是想法本来的样子——心智的建构，神秘的心智"创造物"，心理活动，它们可能准确或并非准确地反映着现实情况。想法并不是事实，想法也不是"我"。

> 想法并非现实这一点对我们所有人都至关重要。

把诸如"我将永远有这样的感受"的一个想法只看作一个想法，这样做的结果是夺去了它使我们难过的力量，因此，我们在培养正念时才使用这一方法。它再也不能强迫我们翻来覆去尝试逃离一个我们害怕的状态（然而那实际是想象中的）。换句话说，当我们关注到想法和感受之间的联结后，我们的策略并不只是更加觉察到想法的存在，而是以一种不同的方式去觉察它们，在心智的存在模式之中去联结它们。

如果你练习了在此之前我们描述的冥想，可能你和你的想法之间的关系已经开始发生转变。可能你有时会发现自己正在微笑，因为你捕捉到自己跳入"不寻常"的结论或假设了："她想毁掉我，让我出丑。""我不可能完成这个工作。""我总是说一些最愚蠢的话。"也许你不会很快就开始随着这些想法去反复思考。或者就像前一章节里的麦格一样，大概你会想到一些曾经立刻使你不开心的事情，但你却不会受其困扰——你可以让想法就那样漂走。

这些改变反映了一个事实，那就是，大概我们都没有意识到，为我们已经开始学会如何在冥想的过程中对我们的想法做出更有技巧的回应。对于头脑总是在走神保持觉察，这会带来一个转变，从全然被我们的思维流吸收，转变到足够从中超然处之，看看发生了什么。而且，每一次我们温和地为我们的想法标记为"思考"，并且有目的地和思考流分离，我们都是在强化这个转变，只把想法看做想法。它们是经过大脑的心理活动，就像经过天空的云和天气变化。

听见我们的想法

一个想法升起，在一段相对较短的时间内徘徊在意识中，然后它退去。这就只是一个心理活动，一个我们可以去注意的"物体"，但它既不是"我"，也不是现实。然而，我们需要一个能够帮助我们这样去看、去转换视角的方式。我们的听觉可以提供这把钥匙。

声音一直都围绕着我们。我们不需要出去寻找声音。我们可以就把自己交给听觉，在这个时刻有什么在那里可以让我们听到。声音只是我们的心智从这个世界接收到的输入的一部分。

这些事实决定了我们如何正常地与声音联结。当我们听见街上的一辆卡车，我们不会自动把它想成是我们自己的一部分；我们知道那是在外面的街上。

如果我们把心智想成是用来听我们想法的"耳朵"，那么，大概我们就学会用同样的方式——联结到达耳朵中的声音的方式，去联结在心中升起的想法。一般来说，我们可能甚至觉察不到心智正在"接收"想法的程度，除非我们提高我们对其有所觉察的能力，有目的地训练自己给那些想法空间，让其单纯地以其本来的样子存在于这里，而且看到并了解那些想法本来的样子——觉察领域内的不连续的活动。正念地听会帮助我们发展出一种对我们的想法持有的开

> 这样去想这件事：心智于想法，正如耳朵于声音。

放感觉，让想法自然来去，一直都不需要进入它们创造出来的剧本之中。

在下面的练习中，我们练习注意以及听到声音（正念地听）一段时间，然后去看一看我们能不能用同样的方式去联结我们的想法和思考。在这种方式中，我们创造着"冻结框架"的理想条件，也就是在我们把注意力焦点从声音转移到想法上的时候去专注于我们的体验。这个正念声音与想法练习的指导语如下（见专栏 8-1），而且在练习音频（第 6 轨）里面也有。

专栏 8-1　正念声音与想法

1. 练习第 7 章中的正念呼吸和身体的练习，按照第 7 章中关于正念呼吸和身体的指导语去正念地注意呼吸和身体，直到你感到自己已经比较安定。

2. 让你的觉察焦点从身体的感觉转移到听觉上——把你的注意力放在耳朵上，然后让你的觉察打开并扩展，这样的话，不管声音在哪里出现，随着它们出现你就会对其有一种接收性。

3. 不需要去寻找声音，或者只倾听某些特定的声音。反而，尽你所能地，简单地敞开你的心，这样就随着声音出现而对所有方向上的声音都有所觉知——很近的声音、很远的声音，前面、后面、旁边、上面或下面的声音——对你周围的声音的一个整个空间敞开。让觉察中包含明显的声音以及更微妙的声音。让觉察中包含声音和沉静之间的间隙。

4. 尽你所能地，简单地只把声音觉察为声音，只是对声音的感觉。当你发现你关于声音开始有思考了的时候，就尽你所能地重新联结你对于它们的感觉属性的直接觉察（音高、音色、声响、时长的特征），而不是它们的意义或者含义。

5. 任何时候当你注意到你的觉察不再聚焦于当下的声音了，温和地识别出来心又去了哪里，并且再次把心带回到对声音的觉察上，随着声音出现、消失，从一个瞬间到下一个瞬间。

6. 当你准备好时，放下你对声音的觉察，重新聚焦你的注意力，使你现在的觉察对象成为想法，就好像它们是心智中的活动。正如对待声音时你把觉察放在了任何出现的声音上，注意到它们的出现、发展以及消失，那么现在，尽你所能地，就用同样的方式把觉察放在心智中出现的想法上——注意到什么时候有想法出现，随着它们徘徊在心智的空间之中，将觉察聚焦在这些想法上，最终觉察到它们溶解并消失。不需要尝试让你的想法来或去——只是让它们自由地来和去，和你联结那些出现并消失的声音的方式是一样的。

7. 你可能发现这样做很有帮助：把觉察放在头脑中的想法上，就好像是那些想法是投射在电影屏幕上一样，你坐着，看着屏幕，等待着一个想法或者图像出现。当它出现时，你注意它，只要它还在"屏幕上"，然后，随着它消失，你放下它。或者，你也可能发现另一种有帮助的方法是把想法看成是在一片广阔天空上移动的云朵。有时它们是黑暗的、暴风雨般的云，有时，它们一扫而空，留下无云的天空。

8. 如果有任何带着强烈感受或情绪的想法，愉悦的或不愉悦的感受，就尽你所能地注意到它们的"情绪电量"，以及强烈程度，然后让它们在那里，因为它们已经在那里了。

9. 如果任何时候你感到你的心智变得零散而不聚焦，或者它持续被反复陷入你的思考和图像的剧本之中，那就看看有没有可能回到呼吸和身体作为一个整体坐在那里呼吸着的感觉上，用这一锚定的焦点去稳定你的觉察。

被思维流带走

正如在其他冥想练习中我们的心会走神一样，从一段时间到另一段时间，我们中的大部分人会发现，我们的心会被拽进特定的思维流之中，在练习过程中被带走。回到电影的比喻上，就好像心智离开了它自己的座位，过于沉浸在

147

屏幕上的表演，以至于现在它也在故事之中扮演了一个角色，而没有像之前那样正念地观察着当下的时刻。当你意识到这正发生在你身上，所有你需要做的就是承认心被思维流抓住了，这样，觉察就又于现在得以重建。有帮助的做法是，注意到任何由故事情节引发的情绪反应或者强烈情绪，然后，温和地、富有慈悲地把心带回到它的座位上，回来观察思维和感受的表演。如果任何时候你感觉你的心变得无法聚焦、散落一地，或者它反复被你的思维和想象之戏剧吸引，那么，总是可以去采用的做法就是回到呼吸在身体里的感觉，把呼吸当做一个锚，温和地稳定住你的注意力。

很重要的是，承认这个练习的困难所在。我们如此习惯于活在我们的想法之中，而不是去关照它们，在或长或短的时间里保持与思考的一种正念的关系是如此具有挑战。

> 至少在开始的时候，我们给出的具体建议是：把你的注意力焦点关注在每次思考不超过 5 分钟。

这样和我们的想法工作时，我们必须要小心。一边是以一名冷静的观察者来目睹想法经过，将它们当做心理活动来产生友好的兴趣，而另一边是被想法的内容和情绪负荷所诱导，这两者之间有一条界限。我们可能会被想法所伏击或欺骗，不知不觉地相信那些想法是真的，想法是我们，我们是想法。一旦我们"变成"想法，我们就会滑进抹了油的行动模式滑槽之中，太容易地掉回到过度反复思考模式之中。这种和想法建立的新联结保持一段很短的时间可能不是太难。但是，在练习的早期阶段，我们关照我们的想法越长时间，我们就越可能陷进去，被迷住，从而会丢失我们心智的框架。

冥想教师约瑟夫·戈德斯坦（Joseph Goldstein）用巧妙的方式描述道：

当我们在想法中丢失自己，认同感就变得很强烈。想法扫荡我们的心，并把心抬走，在一段很短的时间内，我们就会被带走得很远。我们跳上一列联想的列车，不知道我们已经跳上来了，肯定也就不知道目的地在哪里。在行进线路的某处，我们可能醒来意识到我们刚刚在思考着，意识到我们被捎了一程。而当我们跳下列车的时候，我们心理的环境可能和我们刚跳上列车的时候完全不同了。

如果我们发现自己成为人质被我们的思维流带走了，为了稳定、重聚我们的心（第 4 章），可以选择的做法是关注我们的呼吸，记住每一次吸气都是一次新的开始，每一次呼气都是一次释放、一次新的放下。

▣ 注意到自我批评的评论

尽管我们可以一次只练习 5 分钟将我们的注意力主要聚焦在想法上，但是还有很多可以应用的机会，拓展这个新的视野。我们在正式冥想的练习中投入越多，比如第 6 章中的"静坐冥想：正念呼吸和身体"，我们就会更多地发现自己对我们正在经历的一切有反应，更多地发现自己评判着事情进展如何，如果我们认为我们没有感觉那些我们"应该"感觉的或者我们在冥想中做得"不是非常好"时就会批评自己。这样的情况是绝佳的机会，记住评判和批评真的只是更多的思考而已。在这样的时候，我们能否把这些思维模式只当做心理活动？回想我们在正式的想法正念练习中，对那些较少情绪负荷的想法是如何联结的，将会有所帮助。这样的练习让我们把和想法的这一联结更多地带到我们的当下，让我们自己从它的爪牙之中释放，让我们的内在智慧分辨出那些心智中更广阔的运动和模式。随着时间，我们可能会在我们的觉知中体验一种开放、富有空间感的品质，它很容易就能把握任何在我们的心或身体之中发生的（包括任何评判性的想法），知道在觉察本身之中安住。

雅各布发现，他每天的冥想练习常常伴随着一个急促的批评性的评论："你又走神了。你就不能一次性地保持你的注意力在呼吸上哪怕半分钟吗？这真是浪费时间。你搞砸了，就像你试着去做的其他所有事情。你就不能做对什么事情吗？你有什么毛病？你真是个失败者！"最先，雅各布发觉这种评论是令人烦躁的"干扰"，尽管它不陌生，却阻碍并破坏着他稳定地将注意力保持在呼吸上。这是一种常见的经历。逐渐地，我们可能意识到，把这些想法模式只当成是想法的觉察也是一种冥想。我们可以如何帮助自己这样做呢？

给消极想法模式起一个名字

一种可能的方法是，给那些会习惯性发生的思维模式起一个名字。我们可以用这些标签，比如"评判之心"或"绝望之心"，或者把它们识别为我们的子人格："我最坏的批评家""多疑的托马斯"，等等。重要的是，我们有了一种方法，指明常见的思绪和一般性主题，它们会切断我们心中一系列的具体思维内容。理想上，我们选用的标签应该能帮助我们进入一个更宽广、更智慧的视角，来看待这些想法模式。这样的标签可以帮助我们在看到它们的时候带着某种程度的不执念，正如一个心智的常客，而不是把这些想法看成是我们自己的一部分或者把它们听为真理或者现实的声音。

汤姆发现，他可以把整个批评和评判打包标记为"批评之心"。一旦他这样去做，他就能够看管批评之心的造访，并且去跟它打招呼，如果不能够做到全然欢迎至少可以把它当成一位老熟人去打招呼。这使得汤姆可以让批评之心来来去去，没有给它力量触发大量消极思考——那些消极思考通常会很快地把他拉入消极性的泥潭之中，对此他是如此熟悉。

抑郁症范畴的消极想法

将消极的、评判性的想法看成是反复出现的心理模式，可以带来巨大的帮助，让我们能够更加客观、较少个人化地去联结这些想法。我们之中的那些曾经历过抑郁症的人如果能够把消极想法只看成是熟悉的抑郁症特点的话，我们就可以在这个方面取得又一进步。它们并不是真相或现实的可靠读取（见专栏8-2）。

专栏 8-2　识别自动化消极想法

下面是那些正在经历着抑郁的人报告的自动化想法，我们在第 1 章看到过同样的列表：

◎ 我感觉我好像在抵抗整个世界。

◎ 我一无是处。

◎ 为什么我总不能成功？

◎ 没人理解我。

◎ 我令人失望。

◎ 我认为我无法坚持下去了。

◎ 我希望自己是个更好的人，可惜我无法做到。

◎ 我是如此软弱。

◎ 我的生活不是我想要的。

◎ 我对自己很失望。

◎ 任何事物都再也不会让我感觉好起来。

◎ 我再也无法承受了。

◎ 我无法开始。

◎ 我哪里不对劲？

◎ 我真希望我在别处，可惜我无法做到。

◎ 我不能把事情整理好。

◎ 我讨厌我自己。

◎ 我毫无价值。

◎ 我真希望我能就这样消失，可惜我无法做到。

◎ 我到底是怎么回事？

◎ 我是一个失意者。

◎ 我的生活一团糟。

◎ 我是一个失败者。

◎ 我永远做不成。

◎ 我感到如此无助。

◎ 有一些事情必须要改变。

◎ 我肯定有一些毛病。

◎ 我的未来很黯淡。

◎ 反正就是不值得。

◎ 我完不成任何事。

假设此时此刻这些想法突然出现在你的脑海之中，你会在多大程度上相信它们是真的？

回想一段你曾经最抑郁的时间，然后再去看上述想法。现在想一想，在当时这些想法出现的时刻，你会在多大程度上相信它们是真的？

以你自己的经历，这些想法之中有没有哪些让你听上去很熟悉？如果你在过去体验过一些抑郁的阶段，那么专栏 8-2 可能会把你带回到那段时间曾经主导你的心的想法中，并不全是你自己的意愿。即使你没有体会过一段时间的抑郁，你可能也会回忆起你感到沮丧的时候有过类似的这些想法。

杰德在课程中被问到专栏 8-2 中的这些想法有没有她很熟悉的。她说："是的，所有的想法都熟悉。"对她来说，这个练习揭示了一个关键的区分："当我处在抑郁之中时，我 120% 相信这些想法——事情无疑就是这样的——我就是在'看着事情的真相'，尽管看起来是很残忍的。而现在，我大部分时间都感觉很好——我不怎么会有这些想法了，而如果我有的话，也会把它们只看成是一些稍纵即逝的回音而已。回首过去，我只是想知道我当时怎么能相信这些。我永远做不成——是啊，看起来就是那样，这样的话绝对会没有希望能够度过抑郁症——但是，看看我现在！我活生生地证明那想法是错误的。"

　　这个简单的练习有着根本的启示。当我们抑郁并体验着这些想法的时候，它们给我们的感觉不止是想法而已。它们看上去在诉说着真相，关于我们，关于我们的自我价值，以及我们生活的状态。但是，几乎每一个经历抑郁的人都有着非常相似的想法。这就暗示着一个非常不同的可能性：这些想法是抑郁症范畴的一部分。它们是抑郁症的症状，正如流感的症状中有疼痛和酸痛一样。它们来来去去，是我们称为"抑郁症"的一部分。这样去看，这些想法是能说明些问题的，但它说明的却不是我们之前可能想象过的内容。它们告诉我们很多的是关于抑郁的思考模式，关于一种低落情绪会如何影响我们的思考过程。

　　当人们参加正念认知疗法课程，与其他那些也一样经历过多次阶段性的抑郁症但是现在相对稳定的人在一起时，这种看待消极想法的不同方式就显得尤

> 　　消极想法是抑郁症范畴的一部分。没什么是个人化的。它们并不告诉我们关于自己、世界或未来的真实状态。

其强大。当他们所有人都回答"是的，所有想法都熟悉"，或者其他类似的关于自己与自动化想法的熟悉度的回答，这时就会发生神奇的事情。突然意识到"那是抑郁症——不是我"，看起来会发生在每个人身上。所有的课程参与者都把其他人看成是"正常的"——友好的、支持的、有趣的。每个人都怀揣着私密的怀疑——"是我，只有我是不好的。"而现在，他们都意识到，其他人在抑郁的时候有着同样的消极自动化想法，并且相信这些想法代表他们存在的每一分一毫。突然，他们就不觉得孤单了。不止如此，他们会开始看到抑郁症的强大：它能变得多么可怕、有说服力。当我们在自己的低谷时，我们就被说服了——我们就是世界上的那个最糟糕的人，未来是阴暗的。而现在，只过了几周而已，我们回首过去，不可思议地纳闷着，我怎么会曾经那么想过？

　　如果我们能够在这一刻，采取这种视角，允许想法在觉察之中被看到、被知晓、被识别为它们本来的样子，我们

> 　　我们的思考常常会反映着我们的心境和我们的心智模式，而没有反映着这儿"实际上"是什么，也没有反映着我们实际上是谁。这些思考并不是事实。

与它之间的关系就会在下一刻得到改变。那样，我们就能从它们可能带来的纠结、扭曲以及伤害之中释放我们自己。

杰德一直都以为，只有通过分析她的想法，她才能降低那些破坏性的效果。她把它称为"螺旋下降到智力化和分析之中"。然后，在一次练习时间中，她突然意识到："所有我尝试去做的分析都没有让想法变得更不可怕，那样想的话，分析反而让它变得更可怕！"

通过正念冥想练习，杰德理解了自由的可能性，当我们能够放下对想法的认同，自由就会来临。那种自由来源于安住在觉察之中，看着想法来来去去就像心中的云朵一样（甚至是风暴）。她理解到了不把事情归为个人化的力量，事实上，那些事情都不是个人的，也几乎不是绝对真相的可靠说明。带着这一启发，杰德发现自己再也不用必须去分析一切。她看到，过于简单地去思考事物，会让她迷失在那回忆和担忧的无尽迷宫之中。

> 当低落情绪产生时，解释和分析都不起作用。记着"它们这些想法只是想法"才是更明智的策略。

"实际上，简单地和所有一切待在一起，其可怕程度要比去分析它轻，"她说，"那对我来说是一个全新的理念：与它共处比分析它可能是更健康的。"

▣ 友善看待想法和感受

在其他一些思考模式中识别出自动化的消极想法，是非常有价值的。与之协调，如是地去看待它们，给了我们另一个破坏抑郁症循环的机会——从一个不同的角度破坏那种连锁效应。这些想法常常只是冰山的一角。这一角可以是十分有价值的，因为它警示着我们下面的更大的冰山。但如果我们希望从那个整体的冰山来降低威胁，只关注于上面的一角就可能不是特别有效了。如果我们炸毁上面的一角，一个新的冰山部分就会简单地浮上水面，而如果我们希望安全地去绕过这座冰山而航行，我们就需要好好地评估冰山尖角之下埋伏的部分，而不只是掌舵绕开我们能看到的冰山尖角而已。

尽管我们的想法明显地影响着我们的感受，而想法本身也植根于下层的、较少知觉到的感受——冰山的基础。那些感受可以在觉察的边缘一直持续，直到个别消极想法从感受中"生出"，经过脑海，然后消失。所以，一旦我们认识到想法作为心理活动的存在，常有帮助的做法就是在思想水平的支配下，直接和身体感觉体验工作——我们从一种不愉悦的体验（如愤怒的感觉）中得到的感受，以及生理感觉（如肩膀的紧张）。从这一刻到下一刻，我们可能会注意到一些变化——比如，一种愤怒的感觉转化到一种受伤的感觉，然后又转化到一种更温和的悲伤的感觉。这样，我们就把一种慈爱的、敏锐的觉察带入我们感受到的情绪中的每一个方面，尽我们所能地，使用从第 7 章中学习的冥想练习。我们会在第 9 章和第 10 章中重新这样去工作（见专栏 8-3）。

专栏 8-3

"从恐惧的束缚之中觉醒的关键在于，从我们的心理故事转移到恐惧感觉的即刻接触上——挤压着、压迫着、燃烧着、颤抖着……事实上，故事——只要我们保持觉醒，不在其中被困——可以变成一条有用的通路，进入到原处的愤怒本身。尽管心智继续对我们的恐惧产生想法，我们可以如是地识别出那些想法，然后把它们一次又一次地和我们身体里的感觉相连。"

——塔拉·布莱克（Tara Brach）《全然接受》（*Radical Acceptance*）

在我们想到过去痛苦的事件或者当下未完成的事务，这些好像需要立即采取行动的时候，对我们想法和感受的生态学探索是尤其困难的。这种时候，想法好像有真正的力量压过我们。一种有效的回应并不是去忽视它们，而是去清晰地面对它们，带着觉察。当我们让想法来来去去的时候，我们就保持着自由的选择：哪些想法是适合的甚至是智慧的和健康的，哪些想法值得去倾听、相信，可以依据它采取行动，而哪些想法可以简单地认为是没有帮助的并让它们过去。

> 当想法联结着过去的痛苦事件，或者大脑告诉我们这些想法是高优先级的未处理事务，这时候清晰地看到我们的想法只是心理活动是特别困难的。

在做这样的工作中，我们了解到，在我们对不愉悦的想法和感受的存在变得警觉时，把正念带入这些时刻，是十分重要的。一旦我们探测到想法或感受是不愉悦的，把注意力焦点重新带回到呼吸的安全之所中，在这样的时间里，很容易立刻就会又转移了注意力。但是，停下来足够长的时间，在想法中带入一种温和、好奇的精神，一种探索性的觉察，则是更熟练的做法——啊，你在这里！让我看看你是谁。这样做，我们不仅发展出一种新的对待它们、看待它们的视角，越来越在心中把它们看做经过的活动。而且，我们还更好地塑造着我们和那些反复出现的信息内容之间的熟悉度。而且，这种开放、好奇和探索的感觉会激活心智和大脑的趋近模式。它本身就会直接抵消回避模式，从而提供一种更深远的稳定效果，可以让我们在自己的想象之中被抓住、被带走。

找到并命名我们反复出现的想法模式是一种方式，帮助我们如是地看到"心中的磁带"。当它们开始出现的时候就识别它们，让我们能够这样说出来："啊，我认识这盘磁带；这是我的'我是一个十足的失败者'的磁带，或者我的'我永远不会快乐'的磁带。"这不一定会把它关闭，即使它看上去关闭了，它也几乎肯定会很快就再回来。区别就在于我们与之联结的方式：一种是把它们看做事实而我们做不了什么，另一种是高度地被制约，或者在头脑中播放不准确的"磁带"，继续它的不便直到"电池"耗尽，它也停下来自己的音调为止。

惊奇的是，在心智的领域中，这种停止可以自然地发生，不用任何强迫或挣扎，那就是在我们能够去看、去理解、去领悟正在发生着的，带着清晰和自我接纳的时候。在这种领悟中，就有那种释放和停止。这是觉察和清晰的洞见的根本特征。在正念练习的礼物之中它是具体化的、固有的。正念练习的礼物是我们能够一次又一次送给自己的。是的，它涉及很大的纪律性，但是这种纪律本身，去看并且实际地去洞见的意愿性，事实上也是我们能给自己的一个着实无价的礼物。

▣ 超越想法和感受：无选择的觉察

到目前，我们描述了正念冥想练习就像是正念课程里教授的顺序，一个接着一个的练习：味道的正念；呼吸运动的正念；躺卧、伸展、移动、走路时身体感觉的正念；感受的正念；对厌恶的正念；对声音的正念；最终是对想法的正念。每一个练习都反复指导我们以一种具体的方式把注意力焦点放在我们体验的一个特定方面上。如此，我们就越来越培育着自己对那些体验保持正念的能力，那能让我们从不幸和抑郁之中释放出来。

我们目前学习的各种练习，它们都培养着与某些特定的注意对象的联结。所有练习都说明着我们生活的不同方面以及我们内在风景的不同方面。但是，这些区分在某种程度上是模糊的，我们之前培养的觉察总是不便的，不管我们在关注着呼吸、味道、身体感觉还是感受、想法。

下一个练习，使用了所有这些正念培训中的分离的丝线，揭示它们实际上是一个无缝隙整体的元素。这就是无选择性觉察的练习。这是我们会介绍的最后一个长时间的正式练习。在第 9 章中，我们会考虑如何把我们从正式和受保护环境中发展出来的正念技能带到更有挑战性的非正式练习每日生活的环境中。我们对它的这个需要是在最紧急的，也是它最有用的地方。

为了开始在正式练习中培育无选择的觉察，我们可以先在我们投入进行的任何其他练习的结尾部分做几分钟，就用音频中第 6 轨的结尾处来做例子。在任何时刻进入无选择的觉察都是可能的，仅仅是放下任何或所有注意力的对象。这听来容易，但实际上是非常有挑战的，因为我们没有什么具体的聚焦。我们会安住在觉察本身之中，不去尝试把自己的注意力导向任何其他对象，除了觉察本身。甚至不需要思考，你正在冥想，或者说，甚至那里有一个"你"正在冥想。甚至使这些都会被觉察所看见、被觉察所知晓，而在这种看见和知晓之中，它们会消散，再一次用那个比喻，像是触碰肥皂泡的过程（见专栏 8-4）。

专栏 8-4　无选择的觉察

在这个练习的早先阶段，比较智慧的做法是，只是练习相对短的时间，之后就回到呼吸上或者其他具体的被选取的注意对象上。"只是坐着"而没有选择任何对象去关照，听起来是很简单的——只是简单地成为觉察本身，成为知晓。它并不容易。但是，随着时间和动机的积累，无选择觉察的练习会变得越来越稳健和强烈。

我们先从关注呼吸几分钟开始，然后，如果我们想要的话，让觉察的范围扩展到以下任何一项或者全部：身体感觉（包括呼吸）、声音、想法和感受。

然后，只要我们感到准备好了，我们就看看能否放下任何特定的注意对象，比如注意对象之中的呼吸，或者玻璃，又如声音或想法，然后让觉察的领域保持敞开，对任何在当下的身、心、世界之中出现的内容而敞开。我们只是安住在觉察本身之中，不去刻意地领会这一瞬间到那一瞬间出现的任何内容。这可以包括呼吸、身体感觉、声音、想法和感受。尽我们所能地，我们只是坐着，完全地觉醒，不依附于任何事物，不寻找任何事物，没有计划，除了具体化的觉醒。

这个练习邀请我们全然地敞开和接受任何来到觉察领域之中的，我们就像一面空空的镜子，简单地反射着任何来到镜子前面的，没有期待，没有依附。觉察本身就在它最高的稳定之中关照着当下瞬间的体验的全部。

随着我们做这个练习，我们可能变得越来越觉察到一种区别：一种是我们可以导向注意力去关注的物体，只要我们去选择；另一种是觉察的空间，存在于所有在我们的经历中出现的。可以把这些对象想象成太空之中悬浮的宇宙天体。在无选择觉察之中，我们变成了那个太空，抱持着其中任何瞬间凝聚的事物。觉察，就像是太空，是无边界的，没有边缘或局限。这是在邀请我们安定在觉知中，成为那份知晓，无概念的知晓，实际上就是纯粹的觉察本身。尽管觉察是疼痛深刻和满带共情的见证，它本身并不承受痛苦。这样，一旦我们变得熟练起来，我们可能发现，甚至是对我们体验之中的最困难和痛苦的部分有所保持，这都是更加容易的事情了。我们甚至可以得到好奇但又根本的发现，即觉察已经是自由的，内在完整的，并且深深知晓的。

第9章

日常生活中的正念：

做一个呼吸空间

正念既不难也不复杂；记得要正念才是一个大挑战。

——克莉丝汀·费尔德曼（Christina Feldman）

我们之中那些尝试在生活中培养更好的正念的人，迟早会发现，在正念会提供最大的帮助的时刻也是最难做到正念的时刻。压力来袭，感觉糟糕，或者生活里好像没有一刻能得以清闲，在这些时候，正念就会成为一个很大的挑战。而这些时候，也恰恰是我们最需要正念的时候。

在日常生活中练习正念，和花上一些时间做正式的练习至少是同等重要的。事实上，我们可以这样说：最终，生活本身就是我们的练习；每一个时刻都是觉醒的状态，我们就会变得更有生命力，更和自己的觉察联结在一起。所以，正念的真正工作实际上从生活本身开始，以及所有其中的纠结和转折、所有的伪装和掩饰。当生活变得尤其艰难时，当事情进展很不顺利时，当心中的念头掉了一地时，更是需要正念的工作。在这些时刻，我们才最需要正念提供的稳定、清晰和洞察。在本章中，我们把目前为止我们学习到的所有"线头"收集起来，看一看如何能够在我们日常生活的帆布上编织我们的发现。

从开始，正念减压训练（MBSR）和正念认知行为治疗（MBCT）都强调把正念带入日常生活的重要性。它们都邀请我们对日常活动保持注意，例如刷牙、喂猫、倒垃圾（第 3 章）、在我们走路的时候正念地行走（第 4 章）、用身体感觉作为一种在每一个瞬间保持觉察和存在的方式（第 6 章），以及通过"共同呼吸"而在任何体验中保持正念（第 6 章）。MBCT 项目还提供了一个特殊的工具，特别为了把正念带入我们的日常生活而设计，尤其是当我们的心境开始滑落谷底的那些临界点。这个工具是一个迷你的冥想，被称为呼吸空间。在 MBCT 中，它总是用于处理困难情景和感受的第一步。

在呼吸空间中，MBCT 项目的整个教育内容被浓缩在 3 个步骤中。那些参加过该项目的人中有很多都把这个练习单单拿出来作为整个课程中最有用的部

> 3 分钟的呼吸空间是我们去回应在某个特定时刻出现的任何有挑战的情境和感受的第一步。

分。当我们有如此之多的日常任务，都要求我们有行动模式的批判性思考时，这个练习为我们提供了一个很快并且奇妙的、有效的方式，在我们最需要有存在模式的时候，帮助我们转变心智模式。

尝试这一练习的一种方式是，你可以开始读下面的指导语，一直读完，然后立刻开始做 1 次 3 分钟的呼吸空间。或者，你可以跟着音频（第 7 轨）上的指导语去完成。你也许发现 3 个步骤中的每一步都花上 1 分钟的时间是有效的，你也可能想改变练习的时长（比如，在第二步花上更多的时间）。

首先，我们设定好时间来练习这个 3 分钟的呼吸空间，一天 3 次，用比较正式的方式练习。而一旦我们变得熟练，就可以在任何时间、任何地点运用这个练习，可以是一两次，也可以是 5 ~ 10 分钟的长度，只要条件允许。很快我们会发现我们在很多情境中都不同程度地使用着这个练习，比如，当我们注

意到不愉悦的感受，身体里有一种"紧绷着"或"支撑着"的感觉，发生的事情给我们造成了势不可挡的感受，低落的心境威胁着要压倒我们，在这些时候，呼吸空间能够让我们稳定自己。它让我们清楚地从直接的体验性的认知去看到正在发生着什么。在我们处于某些情境中时，它提供一个机会让我们正念地选择情境所要求的接下来的步骤（见专栏9-1）。

专栏9-1　3分钟呼吸空间

第一步：觉察

不管你是坐着还是站着的，开始于有目的地调整为一个挺直而高贵的姿势。如果可能的话，闭上你的眼睛。然后，把你的觉察带到你的内在体验，问自己：此时此刻我的体验是什么？

◎ 脑海中有什么想法？尽你所能地，把想法识别为心理的活动，你也许可以把它们用言语描述出来。

◎ 在这里有什么感受？转而面对任何情绪上的不舒服或不愉悦的感觉，承认它们的存在。

◎ 在这里有什么身体感觉？也许你可以很快扫描一下身体，找到任何紧张感或支撑感。

第二步：集中

然后重新把你的注意力放在呼吸本身带来的身体感觉上。

靠近腹部的呼吸感觉……感受着腹壁随着气体进入而扩张的感觉……随着气体被呼出而下沉的感觉。

一直跟随着你的呼吸，吸气和呼气的整个过程，使用呼吸来把自己锚定在当下。

第三步：扩展

现在，在你的呼吸附近的区域扩展你的注意力，这样，不只觉察到呼吸的感觉，还觉察到身体作为一个整体的感觉，包括你的姿势和面部表情。

如果你开始觉察到任何不舒适、紧张或者阻抗的感觉，就在每一次吸气之中把呼吸带入那个部位，在每一次呼气之中把气体从那个部位带走，这样你就能够在那些感受上聚焦。如果你想的话，在呼气的时候你可以这样对自己说：

"这是可以的……不管它是什么，它已经在这里了：让我感受它。"

尽你所能地，把这种扩展的觉察带入你这一天的接下来的瞬间。

在呼吸空间的第一步中，引导语让我们全然地来到此时此刻，离开自动引导，离开行动的模式。我们有目的地暂停我们日常的自我批评式的评判习惯，我们放下尝试到达别处，而不是我们已经来到的此地。我们练习抑制去纠正平时我们的行动模式认为需要纠正的事情的倾向。我们简单地承认此时此地，并且把觉察带入其中，正如它本来的样子。

保持这一承认和关注的开放气态可能是非常困难的。旧的思考习惯有它旧有的一套习惯，很容易把我们带走。所以，我们要进行第二步，集中并聚焦我们的心智在单一的对象上：呼吸的感觉，只是这个呼吸进入的感觉，和这个呼吸离开的感觉。这样，我们就给了自己一个稳定心智，保持在此时此地的机会。

用这样的方式把我们自己聚焦起来之后，我们进行第三步。我们扩展觉察的领域，包含整个身体。我们进入存在模式的空间性之中，尽我们所能地，让那存在的更广阔的领域和我们在一起，一直伴随我们回到我们之前在做的事情上。这三个步骤帮助我们连贯地从行动模式转移到存在模式。

对我们之中的大多数人来说，把正念带入日常生活的忙碌之中，可能会成为一个很大的挑战。呼吸空间的发展带来每个瞬间中对正在发生着的事情产生一种有目的的姿态转变。在一个可能比较困难的情境中，这一模式的改变可能对于带来一个有效的、适合的回应而言是非常重要的。因此，3 分钟的呼吸空间练习比前面描述的其他很多练习都更加结构化且直接。特别地，我们以一个姿势上的确定性改变开始，我们提醒自己练习的 3 个不同阶段（比如，使用短语"第一步""第二步"和"第三步"）。这样一种在指导语上明显很有结构的方法的使用并非偶然。一个练习越短，它就越可能潜入一个正在发生的危机之中，成为一个单纯的简短的暂停，而非我们心智模式的大转变：从行动模式转为存在模式。

想象你的注意力在呼吸空间中的行径像是一个沙漏的轮廓，可能会有帮助。一个沙漏有个宽的开口，细的瓶颈，以及一个宽的底座。这种意象能够提醒我们对体验敞开，正如第一步中所指导的；集中注意及聚焦在呼吸上，正如第二步；对身体作为一个整体的感觉开放，正如第三步。

> 在呼吸空间的过程中把你的注意力行径想象为沙漏的轮廓。

呼吸空间需要的是如一把刀剑般的锋芒和锐利。带着慈悲去使用，它能帮我们切断行动模式，为我们提供一个有力的疗愈选择。关于我们生活中正在发生着的事情，如何在它们正在发生着的时候去作出最好的回应，无论是内在还是外在，这个练习可以打开新的自由和选择。

呼吸空间在前面的章节中描述的正式练习以及我们的日常生活之间架起了一个明确的联结。就像一根刺绣的针，它捡起我们在常规正式练习中自然获得的学习的线，把它们缝在每日生活的帆布上。呼吸空间的第二步"集中"，就好像是"正念呼吸"（第 4 章）的一个浓缩版本。第三步，"扩展"和正式练习中的围绕呼吸扩展注意力，包括身体作为一个整体的感觉（第 6 章）以及拥抱困难（第 7 章）有共鸣。第一步的重要性可能没那么明显，所以让我们更深入地看看这一步。

▢ 觉察和承认

觉察，是进行一个有目的的呼吸空间练习的第一步行动。这一步的目的是用正念的力量：

- 从行动、反复思考的模式中剥离自己；

- 进入一种感受、感觉、知道、存在的模式；

- 承认或观察我们的想法、感受和身体感觉，同时安于对它们的觉察之中。

也许因为这个练习被称为"呼吸空间"，所以会有一种直接去到呼吸那里的倾向。但是，首先的引导甚至都没有提到呼吸。反而，它邀请我们对我们的姿势有所觉察，并且有意识地让姿势来表达一种庄严感，在我们自己的身体之内，选择一个生活的姿态，不管在这一瞬间可能达到的程度是什么。在这里，为了离开自动引导模式、承认此时此刻任何正在发生着的事情，我们正在"为乐器调音"。离开自动引导和进入觉察是紧密相扣的。

第一步的引导语接下来邀请我们把注意力向内聚焦，在那个时刻，依次地，识别我们的想法、感受和身体感觉的体验。我们开始于想法是因为常常那是我们在开始做呼吸空间时头脑可能正在关注的事情。我们最后关注身体感觉，因为这会接下来为第二步的呼吸身体感觉的聚焦提供一个自然的过渡。把体验分解并排列到这三个方面中——想法、感受和身体感觉，如果你知道了这样做本身所具备的重要性，可能会令人惊讶。尽管我们可能最开始会把不愉悦的一种体验知觉为一种无显著特征的"糟糕的事"，这是一个我们只想要摆脱的大黑团，但是如果我们更近地去关注，我们一般会发现能把它识别为想法、感受和身体感觉的内在相关的模式。用这种方式对这种模式的不同内容进行觉察，本身就具备无限价值——心智会作出不同的回应，用新的、可能是更有创造力的方式，去回应知觉到的不同体验的复杂拼图，而非只是回应知觉到的一个统一的讨厌之事。

正如项目中其他很多参与者一样，马可龙在使用第 6 章中描述的"愉悦和不愉悦事件日历"时，先觉察到了分离他的体验的力量。因为他也是一名心理

> 有目的地将一段不愉悦的体验分为想法、感受和身体感觉，让心智更有创造性地去回应，而非把一件事知觉为巨大的、穿不透的或者势不可挡的。

学家，马可龙在头脑层面十分清楚情绪体验可以向下分为这三个方面。但是，随着他进行了这个简单的练习，关注每个成分，他惊讶于自己从经验上了解这些区别。突然，他能联结到不愉悦的体验，好像它们只是简单的一捆想法、感受和身体感觉。并没那么主观地识别他对不愉悦事件的回应，他发现整个情境变得更轻、更有空间、更自由。对于我们体验的任何一个方面，3分钟呼吸空间的第一步提供了同样的转换视角的方式，从一种程度转换到另一种程度。

呼吸空间的第一步还提供另外一个机会，那就是让我们全然地承认我们当下的体验，正如马修发现的：

"我有一次因公出差，我妻子跟我一起去了。在开会的前一天晚上，我正在熨衣服，我妻子在身后房间的另一侧看书。我很累，关于第二天我感到有点焦虑。我准备得充分吗？"

"我发现有一些怨恨潜入了我的脑海中，我正在这儿熨衣服，现在，如果我妻子可以来帮一下我，我就可以去为明天的会议准备别的事情。她在那里，就是看着书。我发现这一系列想法并没有什么帮助——我把自己想象成一个'现代男人'，能照顾自己的需求。我告诉我自己，我妻子有权利享受她的假期，所以我对我自己的衣服负责是合理的。但是某种程度上，我的一部分看起来对这样的解释并不满意。很快，另一个想法出现了。但这是一个非常重要的会议——我本可以去准备。为什么她看不到我的困境而来提供她的帮助？怨恨和烦恼快速堆积如山。"

"越南的冥想老师一行禅师谈到做事情时说，只是去做——比如，洗盘子时只是洗盘子（而不是想要马上洗完而去做下一件事）。这里我有一个绝佳的机会来练习他的这个教导。对。专注熨衣服……衣服的质地，热蒸汽的气味，熨斗的移动。然后下一个想法又出现了：不！我不应该用正念练习来处理熨衣服。我完全就不应该去熨衣服。我再次尝试专注，在头脑中'咬紧牙关'关注熨衣服，蒸汽的气味，衣服的感受！没用。想法又排山倒海般回来了。"

"就在这一刻我想起了呼吸空间。第一步不是聚焦，而是承认。我觉察到我想要尝试用冥想来改变事情；我完全没有承认这个情境中的任何事情。这里有熨衣服，这里有怨恨，这里有想法。承认意味着让一切都如其本来的样子存在于这里，正如呼吸空间所揭示的，能在内在对自己说：'这是可以的。不管它是什么，它已经在这里了。'对我来说，这意味着放弃挣扎着想要变'好'或变得正确，并且去承认在那一刻我真的感到了怨恨——对自己说这样的感受是可以的。当然，这会给人一种危险的感觉，好像那会让我的怨恨不受控制。"

"事实上，奇妙的是，它不见了。为什么？因为，我猜我第一次在这小小的现场承认了整个事情：我看到了真正发生的是什么，而不是强迫性地想什么是我以为应该发生的。"

"结果，我再也不需要在为第二天会议做准备的事情上有太多的担心。在那一晚，一些人在我们睡觉的时候进到我们的房间，偷走了我们大部分的财产，包括计算机、记事本、信用卡和钱。第二天的会议中，好像熨衣服问题以及我准备得如何变得不再那么重要。"

马修之后说道，他原本以为他在承认着发生的一切并采取着行动。但之后，他说，他意识到他的承认是不全面的。他发现他在尝试用正念的练习来逃避或者纠正或者消除他的坏情绪。只是在他开始能够并且愿意去把正在发生着的一切的各个方面都带入觉察之中，包括他自己的怨恨，带有全然的承认时，他的心情才有了改变。正如我们在第 7 章中缩减，从排斥一个情景或条件，转变为接纳它本来的样子，因为它已经是那个样子在这里了，这种转变是帮助我们有技能地对一种困难或不愉悦的情境做出回应的根本所在。经常使用，全心全意地对已经存在的事物有所承认，这可能就是实际上所需要的一切了，正如马修通过待在那个过程之中而自己发现的一样。呼吸空间的第一步提供了一个有架构的、系统的方式，就是所谓的"只做那件事"，全心地承认已然存在的情况。第二步和第三步会巩固和稳定这个角度的转变。

⊞ 使用呼吸空间

我们需要在这样使用呼吸空间时小心一个潜在的陷阱。很容易能把它仅看做是一个暂停，在这简短的时间内我们可以退居、放松，然后再次投入到我们忙碌的生活中。尽管这样有着一些短期的好处，但是从长期来看，暂停的方法并不如从行动模式转换为存在模式那样有帮助，因为它不会改变我们在压力之下的感受。最好是把呼吸空间看做一个机会，把觉察带到此时此刻的任何正在发生着的事情上，注意并且离开我们陷入的常规程序之中，这样我们就会对任何可能面对的困难作出不同的联结。

休息一会儿和进行一个呼吸空间之间的区别是什么？一个类比可能会帮助解释。我们中大部分人曾经都有过赶上一场倾盆大雨的经历，不得不躲进一个避雨的场所，也许只是商店门口。有时候，我们就会感到开心能在这里躲雨。我们站着等了一段时间，希望雨会停。我们那个时候没有被淋湿，但是随着雨一直下，我们知道迟早我们将不得不去面对。我们尝试去逃离的事情还在这里。最终，在一个故事结局中，我们就回到雨中，怨声载道地，甚至因为大雨浇湿了我们而谩骂自己的坏运气。

在其他时候，另一种故事结局可能会为我们呈现。我们可以以一种非常不同的方式对待避雨。我们在商店门口站了一会儿，觉察到可能会被淋湿的事实，觉察到自己并不想要那种事情发生。我们注意到我们希望雨会停，但是，看到并没有雨停的迹象，意识到如果感到心烦或者担心我们会被淋湿只会增添更多不愉快。所以，我们停下对雨停的执念，进入大雨之中，让自己被淋湿，接纳当下正在发生的一切。用这样的方式接近这种情况的发生，会让我们去体验下雨本身。我们可能注意到雨点拍打在万物之上的方式给人带来某种兴奋。雨并没有停。我们可能会变得越来越湿。但是我们和正在发生着的一切之间的联结则改变了整个体验。

> 进行一个呼吸空间并不是休息一下。

从暴雨之中寻找避雨场所的比喻说明的两种截然不同的方式，在任何冥想练习中都可以有所体现：要么是作为一个狡猾的躲开困难体验的方法并希望困难会消失，要么作为一种面向它们的方式，改变我们与之联结的方式。呼吸空间不只是一次暂停，不是让我们找到避难所，咬紧牙关，希望骤雨快点过去。通过离开自动引导，我们让自己把此时此地的一切事物都延续在我们觉知的对象之中。这包括我们的呼吸和身体感觉，还有感受和想法的结合。当我们这样做时，我们可能发现我们对这些感受或想法的觉察会带来一个新颖的具有转化作用的视角。突然，我们就处在一个基于体验的更广的视野中，而非如此受其困扰。这正是艾丽莎的呼吸空间体验。

"当我有压力，以及有事情发生而我想要聚焦的时候，我尤其会使用呼吸空间……啊，它在那里，我的呼吸……然后我进入其中。上周有几次我在几乎是无意识地掉入一种情绪之中——我有了消极的反应，那正是我的抑郁症的来源，往往会把一切抹黑，变得如此糟糕，在那些时候，我不得不有目的地练习。重新聚焦我自己的注意力，我就停下来一小会儿。我用这个练习只是让自己保持待在我本来的地方，不是要对情境作出反应，实际上是待在其中。"

艾丽莎发现，她可以不用去假设那些坏情绪在传达着正在发生着的事实的真相，不用对它们做出反应：

"在过去，当我感到坏情绪势不可挡时，思考着我再也不会好起来，这会持续到永远，我就会接着想：事情就是会这样，现在一切都结束了。而现在，有些不同了，也就是说我实际上能够意识到，嗯，还没有结束。在一些情况中，甚至还没有开始呢。所以，让我们就待在这里看看到底在发生什么——这样做，而不是让我的头脑为我决定要做什么。"

要让 3 分钟呼吸空间成为有效果的工具，需要花上一些时间去练习，它才能够很实际地帮助我们在麻烦情况中停下来重新集中我们自己。因此，最开始在 1 周中的每天设定 3 个固定的时间来练习呼吸空间是非常有用的。那样会让我们开启使用它的状态，不仅是在那些设定好的时间内，而且也是任何我们感到最需要它的时候，比如在我们感到特定的压力中的时刻。

　　我们的目标是让 3 分钟呼吸空间成为一个重要的载体，帮助我们将正式的冥想练习中取得的力量带入日常生活。尽管我们把它叫做 3 分钟的呼吸空间，我们需要看到，呼吸空间的简短形式及其持续时间可以根据我们面对的任何情况之中的限制而有所调整。如果我们可以带自己去一个安静的地方，比如一间休息室，那我们就可以尽情享受奢侈的 3 分钟迷你冥想，如果有用的话我们还可以闭上眼睛。但是如果我们正在和人争执，或困在一场交通拥堵之中，陷入一次会议，或者在超市中购物，我们就需要去灵活、有创造力地根据我们遭遇的现实去调整。我们可能要保持眼睛睁开，压缩内容短至 1 分钟以内，或者在我们走路的时候随着脚步而集中我们的注意力，而不是选择保持注意力在呼吸上。最重要的是，我们对于要去做什么的意愿有所了解，那样我们就可以依据我们的生活要求来找到很多方式去实验呼吸空间。只需要记住的是，一个任何时候都可以选择进行的呼吸空间将深深地影响我们生活的诸多方面。

　　如果呼吸空间得到定期练习，我们可能会发现离开自动引导，然后有目的地进行三个步骤，就成为了一个将正念带入日常生活的非常好的通道。它能帮我们有技巧地应对困难和有压力的生活事件，让我们对生活中的很多积极方面更加感恩，否则，那些时刻会悄然逝去。

尝试不去修正事情

　　正如所有冥想练习，3 分钟呼吸空间要求做出一点努力。但是如果我们过于目标导向，我们太过努力的结果就可能只是增加我们的困难，就像塔拉所发现的。在她的例子中，是因为她认为呼吸空间太短小了。"我意识到它应该只是三分钟，"她解释道，"所以感觉像是我需要赶到那里然后去思考——你知道的——我不得不去思考，安静下来，然后好像有种恐慌的感觉，因为我快错过这 3 分钟了。我不能放松下来。"

如果呼吸空间的练习带着一种要去修正什么的目的，那么它本身实际上会成为反感的一个来源。当塔拉注意到她怀揣着一种期待——自己必须要"做得正确"，能产生让自己冷静的"效果"，她自己就意识到了。她决定采用不同的方法，对自己说，好，记住，在这里没有目标。我所需要做的全部就是去注意我的内在正在发生着什么——想法、感受和身体感觉——把我的心智带入呼吸和腹部的感觉，然后是一个包括身体作为一个整体的更广阔的觉察。如果我那样做，就可以了。我已经做了我必须要做的事情，其他的会自己得到处理的。

对塔拉来说，就像对任何人一样，我们在这个简单的练习中的挑战和责任只是尽我们所能地把自己交给练习，只要记住重要的是我们面对当下的瞬间——我们将什么带入其中的，而从中得到什么，则不在我们的控制范围。带有慈悲地去观察，尽我们所能地，看一看在我们日常生活中，这种方式会给我们带来什么、留下什么。这样，当我们开始有一些想法诸如这没有什么效果，或者我没有时间，或者我显然没做对，我们就开始看到这些想法恰恰是我们需要去觉察的，也恰恰是我们需要去承认的。如果我们有动机去完成在生命中的挑战，我们只需要记得花时间去使用呼吸空间，然后把自己交给它，尽我们所能地在每一个瞬间这样去做。可以来表达这一点的一种方式是，我们每个人都对输入负有责任。我们不需要担心结果，尤其是关于练习是否在"产生着效果"。它邀请我们处于练习之中，然后看看会发生什么。

随着塔拉进入练习呼吸空间的第二周，她觉得，带入一种允许的感觉是值得一试的。她决定，她不需要去"做得很好"，或者达到任何特定的结果。只是

> 正如所有冥想练习一样，如果我们发现自己给呼吸空间设定了目标，我们就从存在模式退回到了行动模式。

进入练习中，就足够了。当她来到下一次的课堂中，她对于之前发生的事情感到惊奇。"我注意到了感觉，"她说，"也许它们一直在那里而我没有注意到它们，或者它们是新的，不管怎样，我不知道。但我肯定感到了焦虑的身体感觉，好像我以前从来没感受过。我怀疑它们是一直在那里的。"

我们并不知道这个解释对塔拉来讲会带来什么结果，但她的经验确实表明，允许焦虑的身体感觉保持在觉察之中，给了她机会去更好地了解那些感受，因此就能看到它们的新的方面。她把这叫做"起起伏伏"。

"我认为，我的身体让我觉察到了它们，"塔拉说，"然后我就能关注到它们，你知道的，去感受正在发生着什么。我以前从来没有从生理的层面去注意正在发生着什么。我肯定已经熟悉了去关注想法，但从来没关注过感觉。而那改变了一切。它并不一定会让事情变得更好或更差，但是在那里有感受的起起伏伏，在本质和感受上持续发生改变。"

呼吸空间提醒了塔拉关于整个正念项目的一个中心思想：学会如何以不同方式去联结心智和身体中持续改变着的模式；将心智和身体的反复出现的模式保持在接纳和开放的觉察拥抱之中，尤其是在我们感到疲倦、低落或者焦虑的时候，当心智的反应性和旧有的习惯可能是最势不可挡的时刻。塔拉的话总结得很好："事情本身确实会有起起伏伏，一直在改变，而我不需要去修正它，我能看到、注意到这点的重要价值。是与之一起存在，而不是去害怕。"

当事情变得忙乱

哈娜发现，她可以在冷静的时候练习呼吸空间，但是当事情变得忙乱时她很难去练习。"当我相对比较冷静的时候，很容易。当你看到有一团黑压压的乌云要席卷而来时，你去做练习，也是可以的。但是昨天还有今天，我真的非常忙。每个人都急匆匆地，我一直都在来回地上下坐着电梯，忙得焦头烂额。"

哈娜感觉一切都很忙乱。在这种情况中，一不小心，练习就会和她不得不做的其他事情一起被拖入旋涡之中，她批评自己没有记起来运用练习。"太痛苦了，"她说，"我应该去呼吸并且让我自己稳定下来，但是一切就是太忙碌了，我甚至没有时间去想起它。这些事情击垮了我。"

在给她自己制造一些"应该"的同时，哈娜的行动模式为任何她可能做出来的是否要去练习的决定注入了紧张感。当有冲动出现时，她没有简单地练习3

172

分钟呼吸空间，而结果只是去想着它。这里我们会在所到之处都看到行动模式：测量事情"实际如何"与"应该如何"之间的鸿沟，然后尝试去关闭这条鸿沟。而练习则成为了思考和努力的牺牲品。

正念是不经意的和宽容的

我们现在来到了最关键的点。看起来当我们最不那么需要正念的时候才是最容易做到正念的。那么，当我们最需要它时，我们用正念去与当下相遇的能力却好像消失不见了。如果我们希望跳出这个恶性循环，我们就需要建立新的态度，以抵消我们的旧有习惯。不管什么时候我们感到烦扰，那就是进行一个呼吸空间的完美的时刻。即使我们只是在事情发生之后才能够去做，而非在事情进行之中的时候做，那也会帮助我们在压力情境中建立新的观看、知道以及回应的方式。这可以意味着，如果不是在发生过程中，或者当我们重复着一些困难的事情且总是希望它们有所不同的时候去做呼吸空间，我们也可以在一个使人恼火的电话之后去做。所以，即使我们在一天结束的时候意识到"我的天啊，都晚上 8 点了，我今天还没有和我的身体或者呼吸联结过一次呢"，在那里，在那个时刻，就是那一个瞬间，只要我们觉察到了，我们还是可以去做一个呼吸空间。那个时刻是你意识到的时刻，而它现在就是完美的练习并实施呼吸空间的时刻。我们不需要去担心或者强求，练习本身就会影响我们和我们生命的展开之间的关系，不管是很小的影响还是较大的影响。持续地练习后，在正念的富有空间的、接纳性的拥抱之中，花去一生都处于行动模式的习惯就会减弱并消失。这样，每次我们进行一个呼吸空间，我们就在增加着一份新的收获。所以，即使我们想，"哦，我好几天都没做练习了"，我们还是可以抓住那一个时刻去练习。我们可能会想"没有意义，我漏掉了太多了。我可能还会中止的，放弃吧"。那时，这些想法可以作为我们的提示，提醒我们练习的。否则，反复思考的螺旋就有了机会，会刚好在那时、在那里抓住机会，因为我们在斥责自己没有做我们"应该"做的事情。讽刺的是，反复思考的循环可能至少会持续 3 分钟! 又是一个被"本来可以,本来应该,本来会,应该"的心理活动所毁坏的例子——或者你也可以选择不这样去做。

> 任何我们感到忙乱的时候,去做一次呼吸空间都是有帮助的——即使是事后去做。

正念练习是非常宽容的。它召唤我们重新开始,一次机会之后的又一次机会,不会因为我们未能管理好时间,忘记了去投入练习而批判我们。所以,我们去练习,在任何时间和任何地点,只要我们能够,那是一种对我们自己的仁慈。不管过去发生了什么或者没有发生什么,在下一次我们真正"需要"去全然地存在的时候,这种定位以及持续的练习意愿,会增大呼吸空间即刻可以作为一个娴熟选择的可能性。

在呼吸空间之后我们可以做出的选择

一个有帮助的想法是把呼吸空间作为一扇门,在这里,我们从头脑中的炎热的、昏暗的、狭窄的和"驱动"的地方进入到一个更光明、凉爽和更通融的地方。面对不快乐、愤怒、恐惧之类的不愉悦感受,如果我们总把呼吸空间看成是做出正念回应的第一步,那么,我们最初就只需要关注在那扇门上。而一旦我们通过了那扇门,一旦我们已经进入了我们心智里的不同空间,在我们面前有几扇门继续引导我们向前。每个门都为更多的正念回应提供了一个不同的选择,并且它邀请我们去做出一个有意识的选择,即下一步要开启哪扇门。我们的选择可能严重受到我们所面对的环境的限制。即便如此,我们总是有个选择,即回来扩展并深化我们的练习的可能性。。

选择1: 重新进入

我们完成呼吸空间的第三步之后,最简单的选择就是把它留在那里。用一种新的心智模式,我们在心理上重新进入那促使我们进行呼吸空间的困难情境。

我们可能会发现消极的思考，不愉悦的感受，强烈的身体感觉，正在吼叫的老板，或者叫嚷着的孩子，这些困难仍然全在这里。但是我们现在能从一个更集中的、有目的的、有空间的、较少自我中心的视角，以存在模式去接近它们则会带来很大不同。

我们现在可以平静地接近它们，有技巧地回应着这一刻的需求，而非自动地去反应，那些反应方式只会让我们经历的困难变得更复杂。一旦我们在这种心智模式中，它内在的智慧就可以让我们需要做出的下一步决定变得更加清晰。而且，我们可以通过保持正念当下，来支持这更明智的模式，尽我们所能地，扎根在我们身体体验的每一刻的觉知中。

有时，改变是很微妙的。一个参加者报告说："周三我醒来感到崩溃。我没睡好，我很累，头都大了。第二天还有工作等着我。我能感到那熟悉的绝望感在逐渐升起。随着我躺在那里感到很痛苦，我的某个部分想起了我的呼吸，然后我就做了呼吸空间。之后，我躺在床上一会儿，只是关注着我的呼吸，关注着我身体的感觉。说来奇怪，我在那之后感到了些许不同——我仍然感到累，头大，受够了，但好像它并不是一个灾难了！"

尽管这种感觉基调的转变可能是很微妙的，但它实际上呈现了心智模式的巨大的至关重要的改变。而且，不管有多么微妙，这种转变的每一点一滴都可以为后面发生的事情敞开新的可能性。

这可能就意味着，你一次只做事项清单上的一件事情，而不是被所有还没有做的事情压倒。这可能就意味着，挂掉一通令人沮丧的电话，感到恼火但没有任何卑下和蔑视。它还可以意味着，因为呵斥了同事而感到后悔但没感觉你应该持续整天不断苛责自己。可能它意味着当你想起了最近的损失时感到沮丧，但没有再把愤怒加给情境或自己，没有沦落到要说"我永远也过不去这一关"这样的末世预言。

当然，如果时间允许，我们总是可以选择通过继续练习来积累新的学习：做另一个呼吸空间来巩固转移到新的、更正念的心智模式。但是，这里危险的是，我们可能结果会以一种目标导向的方式来接近呼吸空间——作为"修正"困难情境的一个工具。从这一角度讲，如果第一个呼吸空间在摆脱那些我们不想要的感受方面没有"效果"，我们可能就会想要再次去尝试，甚至也许这次更加努力。这里的风险是，尝试去修正事物实际上会成为问题的一部分。第一次的"失败"以及后来可能产生的摆脱消极情绪的尝试都会产生更多消极情绪。这恰恰和正念的精神相反。

> 如果我们选择重复去练习呼吸空间，就必须确定我们不是在尝试把它当做快速修正工具——那和正念刚好相反。

我们可能发现，我们需要明确地时常提醒我们自己，3分钟呼吸空间的目标不是快速地或者非快速地去处理所有的消极状态，它是让我们进入心智的一种模式中，在这里我们可以更加有效地、更清楚地与之相处。尽管这可能并不会立刻消除任何那些我们并不想让它继续发生的事物，但是，它会给我们自由和智慧，在我们对其回应的时候也许会让不愉悦的感受和困难的情境自然消散，而不是让它们自己在那里停留。至少而言，我们可以停止去"喂养"它们，停止去让受苦变得更复杂。

如果我们想探索练习若干次呼吸空间的可能性，在任何情况下，让我们自己限定在两次练习之内大概是明智的选择。我们可以记住，如果使用得当，呼吸空间仅仅是一个提醒的方法——提醒我们在面对任何发生的事情时如果保持正念，那会意味着什么，以及那会给我们带来什么感受。

选择2：身体之门

正如我们多次强调的，烦扰的体验会带着一种不愉悦的感受基调。有消极感受，比如害怕或悲伤，常常对其会有反感反应或阻抗，表现为面部或身体肌肉的变化也并非罕见，比如皱眉，脖子、下巴或肩膀肌肉收紧，或者腰部紧张。所有这些都可以得到直接的关注，而且我们在转化我们与困难情绪联结时的首要策略是，在觉察的领域中去进行转化（第7章）。那么，如果在一个最初的呼吸空间之后，我们选择继续更深入地和我们的情绪共存，很自然地就可以把我们的注意力放在我们正在感受的身体感觉上。

正如我们指导的第一步，尽我们所能地，用一种友善的开放的注意力去关注我们正在体验着的最紧张的身体感觉区域。这样做的一种方式是把呼吸带入那个区域，在每一次吸气中把气体吸入那里，在每一次呼气中让气体从那里呼出，就好像我们在身体扫描中所做的一样。在每次呼气时，紧张、支撑或者阻抗的感觉可能会自然释放或柔化。如果这种情况发生了，那里的紧张和支撑感常常会在呼气之中溶解，尽管我们没有用任何方法让这结果发生。如果发生了这种结果，是可以的。而如果没有发生这种结果，也是同样可以的。把觉察带入反感和阻抗之中，这一简单的行为就已足够，无需执著在达到放松的目标上。我们可能会发现，我们的最终目的是通过在头脑中说柔化，开放并拥抱，而承认并接纳我们的体验，提醒自己这一点将会很有帮助。

只要我们把注意带入到任何我们可能感受到的阻抗或反感引发的身体表现

> 我们在身体的某一特定区域所注意到的紧张可能会自然地在呼气中柔化，只要我们不尝试逼迫它有这种效果。

上，我们就可以探索若干种和感受保持连接的方式。和感受保持连接，使它们能够以全新的不同方式得以满足和保持。其中方式之一是简单地带着对感觉的觉察而保持呼吸，也许感觉上像是将它们保持在温和的、广阔的、有空间的觉察中。另外一种方式是用一种更聚焦、更有目的性的注意力去深入探索，包括感受开始变强的部位；感觉的边缘部位；感觉最强的部位；如果有变化的话，感觉如何从一个瞬间到下一个瞬间发生了变化。不管我们选择哪种方式，我们都是在付出一些努力为我们的觉察注入活力和滋养。我们可以通过有目的地灌输兴趣、探索欲、善意和慈悲心来做到。如果我们发现我们有发展出一种强迫、过于争取的态度的趋势，我们就可以温和却坚定地从中退出。而且，我们总是可以张开并拓宽我们的觉察领域，在当下的瞬间将其他类型的感觉包含进来，比如声音、空气中的香味，或者皮肤上的感觉，通过这种手段来重新提起精神、

177

拥有活力。

我们可以用同样的方式来趋近任何消极感受。我们可能发现，为了去培养一种接纳性的、包容我们与那些消极感受之间的关系，不时提醒自己"这是可以的；不管它是什么，它都已经在这里了；让我对它敞开"，这样做是很有帮助的。只要我们把感受保持在觉察中，我们可以对任何这些感受的特性加以特别注意。

对于强烈的不愉快感受，有帮助的做法是使用"在边界上工作"的策略。正如先前的解释所说，这个策略的意思是尽可能地把注意力带入到强烈体验之中，然后尽我们所能，一个瞬间接着又一个瞬间地不费力气地保持在那里。当强烈的体验开始变得不可阻挡时，我们可以带着自我慈悲的精神，温和地一点一点把我们的注意力带到其他更加稳定的良性情绪上。比如，我们可以通过聚焦于呼吸的运动，从而使自己稳定并重组，直到我们感觉准备好再一次去靠近更强烈的感受区域。我们可以通过聚焦于呼吸本身来做到，或者同时在背景中觉察不愉快的感受和感觉（"共同呼吸"）。通过这样去试水，我们可以与强烈的不愉快体验之间发展出一种循序渐进的更加接纳的关系。这本身就是通往智慧和慈悲之路。

米歇尔发现她自己只要想到即将来临的家庭聚会就会感到筋疲力尽。"我不断告诉自己，这么长时间过去了再次见到大家会很好，"她说，"但是当我想要去预订机票的时候我就好像做不下去。"次日回到家里，那个想法（我应该订机票）又一次进入她的脑海中。她没有强迫自己径直去给旅游中介打电话，反而确定首先要做一个呼吸空间。短短的几分钟，米歇尔发现在她的胸口有压迫感，喉咙有紧张感。一想到她的父亲会带着他新的妻子——简——共同过来，就好像会增强这些感觉的程度。平常的话，米歇尔会转而不去靠近地看这些想法模式，告诉自己"为了这个家做正确的事情"与否是取决于她的。但是这次，她能识别出来自己的反感是一种非常熟悉的反应，于是她反而决定去靠近不适感的边界。就在她与腹部的呼吸感受连接之后，她把注意力放在了喉咙上，开始把呼吸带入紧张感。她发现，这些感觉并不稳定：它们来了又走了。紧张感带来了颈部肌肉的绷紧，而这有时会随着她从这个区域呼气而变得放松一些。她注意到那个想法"你应该欢迎简进入这个家"很快跟着的是另一个想法"他怎能如此迟钝？母亲去世到现在只有六个月而已"。现在她的喉咙感到轻微地受阻

> 当你遇到如此令人不快的体验，以至于强烈的反感即将席卷而来时，在边界工作是一个很好的试水方法。

和挤压。但她依然继续去呼吸，随着愤怒和受伤进入她的脑海，然后是关于母亲的悲痛和丧失感。"即使我不知道我最后会做什么，"她说，"只是在现在让这些事情浮出水面就已经是我关心我自己的一种方式了。也许这是一个开始。"

选择 3：思想之门

在呼吸空间的第一步，我们可能开始觉察到那些负荷了情绪的想法是我们当下体验的最明显的特征。从第 8 章起，我们就可以识别出来部分消极想法反复出现的模式。如果这些想法在你完成呼吸空间的第三步后仍然是当下体验的一个主要特征，你可以选择打开"思想之门"，有意识地决定和你的思考有不同的联结。这可以涉及：

- 写下你的想法。
- 观察想法来来去去。
- 把你的想法看成是心理事件而非事实。
- 联结想法的方式就像联结声音一样。
- 把你的一个特定想法模式识别为你反复出现的心理的常规。
- 温和地问自己：

  我是不是太累了？

  我是不是跳入结论中？

  我是不是以非黑即白的方式思考着？

  我是不是期待着完美？

关键在于，基于之前的冥想练习，我们大概已经发现了一些有效的方法，在负面想法出现时帮助我们以不同的更有创造性的方式去联结。在呼吸空间之中，我们现在就可以利用那各种各样的方法来提醒自己，我们并不是我们的想法，且想法也不是事实（即使有些说自己是事实的想法也不是事实！）。仅仅是这样的提醒就会随着时间的积累有显著的效果。

选择 4：有技巧的行动之门

第四个我们在呼吸空间之后可以做出的选择是，打开"有技巧的行动之门"。我们强调了把接纳和承认的觉察带入到困难和不愉悦体验之中的重要性（第 7 章）。但是这一新的定位并不意味着我们就是被动的。一旦我们承认了不愉悦的感受，对其最合适的回应将是采取一些经过考虑的行动，基于有意识的选择来做出行动。

在这样的时刻，我们行动之下的动机会决定行动的结果是否有效。正如我们在迷宫中的老鼠实验里所见（第 6 章），同样的行动会因为我们的动机不同——基于对体验的回避还是开放——而产生非常不同的结果。如果我们受到摆脱不愉悦感受的驱动，我们的行动就非常可能会造成反效果，把我们拖到更深的不幸之中。反而，如果我们的动机是真正的更好地去照顾自己的欲望，我们的行动就会成为有效的方式，带来更大的安心和舒适。

贝蒂的工作充满了压力，她使用呼吸空间来为她的需求找到更多空间。作为一名会计，她感到自己在报税季节和财政年末是最脆弱的状态。这些时候常常是她在办公室整天工作，周末加班，几乎没有休息。贝蒂发现她上一次抑郁症就是在这些情形之中开始的，她做出了一个选择，在一个下午离开办公室，喝一杯她最爱的混合咖啡，坐在高脚凳上看着其他顾客，一边喝着自己的咖啡。有时，她会放弃回家做饭，取而代之的是在附近的小餐馆吃晚餐的安心。"过去，我会拒绝离开，直到我必须面对的一堆工作都做完为止，"她说，"不同于以前的是，我意识到，在那些真正重要的时刻，我需要慢下来为自己花上一些时间的是‘现在’，不是‘待会儿’。”

　　低落情绪特别影响两类活动。它会让那些我们曾经会感到愉快的事情显得不那么愉快，导致我们对它们失去了兴趣或者索性就放弃了。它还会让我们很难控制日常生活中必做的事情，这些事情可能并不会给我们快乐，但是会给我们一种责任感，在我们自己的生活中练习掌控。很多情况下，不管是一丁点儿还是很大程度地，抑郁和低落情绪会毁坏并剥夺我们做事情的能力，而那些事情会给我们非常大的滋养。简单地卷入或者重新卷入到这种活动之中，会有意想不到的力量。

　　所以，呼吸空间之后的第四个可能性就是有目的地选择去做一些事情，可能是 a) 曾经给我们快乐的事情（如洗个热水澡、遛狗、拜访一位朋友、听那些让我们感觉舒畅的音乐），也可能是 b) 曾经给我们掌控感、满足感、成就感或者控制感的事情（不管有多么细微，如清理柜橱或者抽屉、完成之前拖延的事情、支付账单、给家人或者朋友写一封信、清理桌面）。即使是完成这些活动的一点点也会给我们一种我们在世界上是有价值的感觉。而且，一点点的价值也能够抵消无助感和缺乏控制的感受，这些感受往往是伴随着低落情绪的。当非常焦虑、恐惧时，采取行动面对并处理那些我们之前逃避了的情境，可能会出奇地有帮助。把任务分割成更小的步骤，一次只去处理一小步，也是很有帮助并且很实际的做法。不管如何，在我们完成一个任务，甚至只是完成了任务的一部分时，记得恭喜我们自己。这都是非常有效的。

　　为了采取行动以正念地回应抑郁的心境，在探索最有效的方式时，记住两件事情会有帮助。首先，低落情绪会破坏并推翻动机过程本身。一般，我们会等到我们想要做什么事情，然后就去做。然而，当我们感觉低落时，我们实际上必须要在我们想要做事情之前就让自己行动起来。其次，抑郁中出现的疲倦和乏力具有欺骗性。当我们不抑郁的时候，疲倦意味着我们需要休息。在这种情况下，休息会使我们恢复精神。然而，抑郁的乏力常常不是正常的疲倦，它呼唤的并不是休息而是更多活动，如果只是一小会儿的话。休息可能会加重乏力感。在这些时刻，照顾我们自己的一部分就是要停留在生命的流动之中，保持参加正常的活动，即使我们的心情和想法好像在说那没有任何意义。

最具有挑战性的时刻常常是抑郁出其不意地发生的时候，比如说醒来的时候。这里也是一样，我们首先的回应可以是开始做一个呼吸空间。而且还很重要的是问自己一些具体的问题：

- 现在我如何能最好地善待自己？

- 现在我能给自己的最好礼物是什么？

- 我不知道这种心情会持续多长时间，所以，在它退去之前我如何能最好地照顾自己？

- 如果我在乎的一个人有这种感受的话，我现在会为那个人做点什么？我如何能用同样的方式照顾自己？

当然，即使有着最好的意愿，有时我们也不能控制自己。可能会感到我们经过了一个边缘，进入到更持续和强烈的消极情绪状态。在这些时刻，重要的是，我们要记得去练习正念仍然是一种照顾我们自己的健康的方式，不管它有多么微弱和转瞬即逝。在这些时候我们需要的实际上和我们正念回应那些没那么强烈的消极情绪时发现非常有用的方式并无不同。当然，在这些时候，用不同的方式和我们的消极想法联结可能是更有挑战的一件事。也许，在这种情况下，甚至投入到提升心情的活动所能带来的效果都会大打折扣。不管怎样，把正念带入这一瞬间，是我们能够带入的程度，采取一些合适的行动来关心我们自己，这样做仍然要大大好过在过度反复思考的状态中陷得更深。

在这里我们所说的是，当遇到艰难时，我们的任务真的是关注每一刻：尽我们所能地掌管每一刻。如果我们联结那困难一刻的方法转换了哪怕一点点，那就有可能会发生巨大的转变，因为它会影响下一刻，再下一刻，以此类推。所以，一个看起来很小的改变就会在这条路上产生令人惊讶的巨大影响。

自由选择

为了反思在参加正念项目后学到了什么，路易斯指出了他如何发现呼吸空间成了一个重要的通道：

"我意识到很多事情，但是其中一件事我愿意分享。我意识到了我有多么地逼自己。逼自己是我很擅长做的事情。所以，我花了大量的时间来思考如何能够意识到这一点。3 分钟呼吸空间帮了我大忙。我一天下来练习了很多次。有时候练习 3 次，有时候练习 5 次。在我会很犹豫或者不知所措，或者在我有超过6 件以上的事情要做而只剩下半小时或一小时的时候，效果真的很大。它真地帮到我了，只是坐着，去承认，然后去保持我的不知所措。因为有时候我真的不知道这些压力的感受是从哪里来的。我真的必须逼我自己，说下半个小时我要完成这个项目吗？有时候我只是待在不知所措之中。我可以不知道，我也可以不去做出一个完结一切的行动。因为对我来说采取行动是这么地容易，因此我的生活里才有了这么多压力，只是因为我采取了太多行动，在我的盘子上有太多的事情要去做……因为我感到我除非去做，让一切了结，否则我不会去睡觉。我必须要知道那些事情做完了。而有时候根本是不必要的。这对我来说是新的，不去做一些事情，而且它让我感觉是舒服的。某种程度上，我也在改变着我对待时间的态度。我拥有的时间，以及我能够给自己留出去做事情的时间，你知道吗？我认为我因此而没那么疯狂了。"

路易斯提出了重要的一点。不同的人需要什么，要回答这个问题并没有一个容易的办法。我们中的有一些人太忙了，可能需要找到一个平衡，要远离无穷无尽的活动。其他人可能觉得我们在需要做的事情上做得还不够，因此问题是在我们的生活里找到一种平衡的方式以使我们在某些时候更加投入和活跃。开始的方法是把觉察带到我们所处的位置，带到此时此刻正发生在我们身上的感受。这会给我们更大的敏感性，从而准确地评估我们内在和外在的环境以及条件——不只是在理智上的，而且也是通过正念觉察的。这一觉察反过来会增大我们可以选用的选择范围，增加我们会做出健康的、聪明的以及娴熟的选择的可能性，而不是被我们习惯上有的动力所带走。

选择性的扩大可能是自然而然的、无法预料的。凯特发现了这一点，她离开了几天之后，去接她 15 岁的儿子下学。

"我忘了 15 岁的孩子脾气会有多坏，"她说，"我问他今天在学校过得怎么样。他生气地回答'你总是问同一件事'"。

"我停了一下，然后觉察到了胸口的一阵紧绷感。它很明显。我意识到紧张和烦躁的出现。以前我一般会有所反应了。"

对凯特来说，不知为何，那一个停顿，那自然发生的承认、集中以及对身体的觉察，已经足以让那一刻过去而无需做出任何反应。

"以前我一般会对他生气，然后在冷战中开车回家，"凯特继续说，"反而，我转向他，发现我自己在说着'我想你了'。然后你知道什么吗？他也转向我微笑了。我好多年没有见到那样的微笑了。那是一个奇迹。"

3 分钟呼吸空间的目的就是为我们提供那种敏感性，以及在我们和旧有的模式面对面的时候让我们看到潜在的选择。这些旧有的模式可能包括，用一种特定的方式思考我们自己，用不健康的方式处理我们的心情，在责怪外界环境的同时让我们自己疯狂地忙碌。这些习惯性倾向还会在这里，而正念练习不会立刻就改变所有一切。但是，它可以做到的是给我们一个瞬间的停顿，为我们呈现出我们之前可能没有看到的选择。我们的起点可以是集中到呼吸上，全然地承认我们现在在这里，就在此时此刻。否则，我们就像一如既往那样被席卷，自动地做出反应。这正是路易斯所意识到的。

"我实际上感谢这种不知道的状态，"他解释道，"我真的感谢。因为它给了我一个真正暂停的方法，并且让我的心向当下敞开。而且，某种程度上，当一个想法出现时在那里有那么一个瞬间我可以接下来说是或者否。但是，把它放在觉察之中是很重要的，而不是自动地去做事情，那正是我以前倾向于去做的。"

在定期练习使用呼吸空间之中，我们逐渐看到，有一种方法能够改变我们与自己的关系以及与世界的关系。我们发现，我们可以和我们自己的那些我们曾认为是很困难的方面有新的联结，和我们之前一直逃避的情况也有了新的联结。内在的或者外在的，这些情况倾向于引发我们同样的反应：回避、逃避、压抑。所以，不是要去向这些缺乏智慧的征服，我们转而面对任何引发了这些反应的内容。正是因为习惯性地对于自己认为困难的事物产生的反感反应，我们才困在不幸之中，因此，这一有意识的转而面对这些困难的反应，即使只是在这一方向上的一度的转变，也会为我们生活的方式带来根本性的转变。

Part 4

第四部分

重新活出你的生命

The Mindful Way Through Depression

第10章

全然地活着：

从长期不快中解放自己

人们说，我们所有人都在寻找的是生命的意义。

我不认为有什么是我们真正在寻找着的。

我认为，我们在寻找的是活着的体验。

——约瑟夫·坎贝尔,《神话的力量》

　　《青蛙和癞蛤蟆》这本儿童书里所讲的内容在大人身上同样适用。作者艾诺·洛贝尔（Arnold Lobel）讲述了一只癞蛤蟆一天的生活。这一天刚刚开始，癞蛤蟆从床上坐起来，在一张纸上写下今天要做的事情清单。他写到，醒来。既然他已经醒过来了，他就能直接把那一条划掉了。然后他在纸上写下了他这一天剩下的时间里的计划：吃早餐、穿衣服、去青蛙家里、和青蛙散步、吃午饭、睡午觉、和青蛙玩游戏、吃晚饭、睡觉。他起床了，然后一步步地完成清单上的事情，每次做完一件事就划去一个项目。当他来到了他的朋友青蛙的家，他宣布："我的清单告诉我，我们要去散步。"然后他们散步了，蛤蟆就从清单上划掉了"和青蛙散步"这一项。然后灾难发生了：一阵大风把清单从蛤蟆手上吹走了。青蛙跟着清单跑了一路想要找回那个清单。但是，可怜的蛤蟆不能去追——这不是他清单上面要做的事情！所以，蛤蟆坐在那里待着不动，青蛙追着清单跑了一里地又一里地，但是无果。他没能追到清单，双手空空回到了惆怅的蛤蟆身边。蛤蟆记不起清单上还有什么事情需要做。所以，他就坐在那里，什么也不做。青蛙和他一起坐着。最后，青蛙说天快黑了他们应该去睡觉。"睡觉！"蛤蟆像是获胜了一般叫喊了起来，"那是我清单上的最后一件事！"所以，蛤蟆就找了一根木棒在地上写下"睡觉"。然后他划去它，满意地感到自己最后能划掉他的这一整天。然后，蛤蟆和青蛙就去睡觉了。

可怜的单一模式的蛤蟆！但是我们中的很多人，像蛤蟆一样，常常在做事情的时候好像只能利用单一的心智模式。更常见的现象是，好像我们的生活只是那一个冗长的"待完成事项清单"。

并不是说我们所列的清单是问题所在。问题是在我们不能完成清单的时候我们的那种紧迫感。这种紧迫感，以及紧迫感所导致的我们的生活变成了近视眼之下的狭窄。在《正念疗愈力》(Full Catastrophe living) 一书中，乔·卡巴金讲了一个名叫皮特的男人的故事。他在正念减压课程中，想要预防一年半之前他有过的一次心脏病的再犯。在晚上 10 点时，在路上开车，看着一路路灯，皮特发现他正在设定自己要去洗车。为什么？因为他当天的某个时刻有了一个他需要去洗车的想法。既然这已经在他的"待完成事项清单"上了，既然他一直都坚信如果清单上有什么事情要去完成，那么他就无疑要去做这件事。很容易理解，这种生活态度带来了一种处于驱动的状态，以及紧张和焦虑感。最终，甚至在皮特没有觉察的情况下威胁到了他的健康。结果在正念训练之后，皮特对自己的心智模式有了更强的觉察，能够认识到他的想法只是想法。有一次，他意识到并不是必须要去洗车。他把自己放在了选择的位置上，是继续完成事项还是停下来在睡觉前休息一会儿。他选择了停下来。

生活中受到"事项清单"的控制，这对皮特的心血管健康产生了危害，威胁到了他的生命。当那些在持续不断的不幸福之中挣扎的人让"事项清单"来控制我们的内在世界，我们的情绪健康就受到了损害，并且它也会把我们的生命置于风险中。行动模式不仅对阻挡抑郁症无效，而且它限制并束缚我们的生活，以至于我们的生活最终只利用了世界的一个很小的角落。

　　尽管我们可能并没有完全意识到，但是我们都可以活在一个开放、富有空间感的存在模式中，远远超越于我们所做的。我们越接近这一可能性，我们就越能够丰富我们的生活，增强我们的心理健康。那么，撤换我们对行动模式的使用，在这些方面使用一种娴熟的、有效的回应，而把我们的能量放在存在模式的培养上，这难道不是明智的选择吗？当然，这会需要一些时间和勇气。但是我们从那些参加了各种系统正念课程的学员身上能够获得强有力的鼓励，他们做的正是这种内在世界的工作，我们需要记住的是，这些正式的课程仅仅持续 8 周。

　　"我从来没有过这种感觉。过去如果有同样的情况出现，它会让我倒向一边或异常烦躁，我肯定会为之感到不安并采取一些行动。而现在这样的情况出现得没有那么多了。在这么短的时间内事情发生了变化，我能够保持冷静而没有逐渐失控，这真的很奇妙。"

　　"在我来到这里之前我不知道，没有压力地活着会是什么样子。在我 5 岁的时候我可能知道，但是我现在记不起来什么了。就好像有人让我看到——我看到了一种不同的方式，而且它如此简单。在我看来，那就是其他人在一直做的事情了。之前并没有人让我加入进来做这些事情。"

　　"我们从这里学到了很多，而且现在我们所学会的就存在于我们的内在。我们也知道我们再也不会失去它。事实上，我知道它就在这里，而我必须去和自己打交道，并非不得不依靠别人的帮忙或依靠他人来替我做，最后因为自己不能一个人做成而感到失败。事实上，现在我知道，是我自己有的一些东西对我自己和发生在我身上的事情负有责任。"

我们的理论，我们的研究，以及其他人在课程里的体验，都表明培育觉察的重要性。但是最终，它们甚至都不能代替我们的个人体验。我们每个人需要看看，行动模式和存在模式对于我们生活的每时每刻的质量有什么样的影响。要拥有这些体验，我们就需要在日常生活中培育正念，因为正是在生活的舞台上，我们的苦恼出现并展开来。是在我们日常生活中的行为和交往之中，我们才有机会变得更加觉察，觉察到匆忙行动的结果，而且能对于存在转化模式的可能性获得第一手的感受。

最终，正念觉察地生活着，扎根于心智的存在模式中，这是全然清醒、全然存活、全然一体的一种方式，不管会出现什么样的结果。行动、办完事情、或者带来重要的改变，本身并没有危害。我们要有的是智慧的行动，这种行动会在存在的领域之中出现并展开——如果你要行动的话，就采取正念的行动。首先，我们允许我们的体验得到认可，正如它们本来的样子。然后如果我们有所选择，我们可以有目的地投入一些合适的行动之中，以照顾我们自己或者对特定的情境作出有同情心的回应，正如下面这两个人用他们自己的方式所做的一样。

佩吉的故事

佩吉的工作是非常吃力的，她在若干个不同的场景中为护工提供如何能够处理疑难案例的建议。每天早上，她带着害怕的感觉醒来，很快开始担心她今天要如何去处理那些她必须面对的问题。具体情况每天都不一样，但是基本的主题总是一样的——害怕她将不能处理问题的情境，害怕她不能对于那些呈交给她的问题给出一些回答，害怕事情会超出控制，害怕她不能满足期待，害怕一切都会变得非常糟糕。在最糟糕的时候，具体的担心会触发反复的更泛化的恐惧。这时候，佩吉感到她的心脏好像陷入前面的惨淡深渊之中："哦，天啊，以后会一直这样下去。我再也不能前进了。这种情况会一直下去，我再也不会感到自由或放松。"

　　在她来到正念培训之前，佩吉尝试了一些方法来处理这些担心，她尝试每天躺在床上的时候在脑中对那些最主要的具体问题加以控制。她会去找到自己的担心之处，预期事情会搞砸，思考她能做点什么来预防，然后安慰自己她已经做了所有必须做的，或者她会采取新的计划来修正那些问题，从而避免她所害怕或担心的事情发生。有时这些方法看起来能够让佩吉离开她的恐惧边缘。但是，并没有持续性的效果。第二天早上她同样会醒来带着害怕，和对一些新的问题的担忧。

　　佩吉在参加完正念培训后的做法有什么不同？首先，她躺在床上时，聚焦于把注意力带到当下的身体状态上。她开始觉察到胃部的紧张感觉，随着她保持在那里、阻抗紧张感，她会感到一种僵硬。接下来，她把注意力带到感受——那种担忧，那种恐惧，那种焦虑之上。之后，她就仅仅是觉察到这些感受有多么令人不快，她有多么讨厌它们、想摆脱掉它们，而且，在叹气之中，意识到这些感受令她枯竭和厌倦。同时，她会洞察到，去持久地解决问题或者修正这些感受是不可能的。她意识到，通过一些努力，可能会获得对当天那些最有压力的问题的控制感。但是，到了晚上，她就感觉到好像大脑的一些部分完全变成碎片。当天她所获得的任何一点点的控制感都不见了。她意识到，她的"夜晚大脑"和她的"清晨大脑"共谋……"就在我醒来的一瞬间，用一系列新的担忧来击碎我"。她感觉好像她的大脑有一部分总是在和她对抗。而剩下的部分狭窄到只关注于她所担心的内容。

　　通过培育正念，佩吉发现，当她扩展注意力的范围，包含她在当下的整个体验时，她能识别并且区分她的体验的四个不同方面：（1）不愉悦的身体感觉；（2）不愉悦的感受，如担忧和恐惧；（3）之前未觉察的关于感受的消极想法；（4）集中于当天的特定问题的具体担心。

　　受到这一更广阔的视野的强化，佩吉感到她和自己的困难之间的联结有了重大的转变。再也不是和她所害怕的未来意象去挣扎，佩吉重新为自己定向去面对当下的现实以及她当下体验的真实性。她意识到，她就是无法去控制她担心的内容（那些担心在她睡觉的时候已经形成了），而且她越在心理层面逼自己，尝试去修正那些问题，她就越感到紧张。不仅如此，她还意识到，关注担心的具体内容永远也不会提供给她一个长久的解决办法，她说，原因是"在那儿总会有些什么的。"如果一个担心停下来了，很快，另一个担心又会去取代它。她意识到，只要她还是关注那些由担心之脑无尽制造的具体想法产品上，那么生产着这些想法的源头就不会发生本质的改变。她永远只是在处理症状，而不是在寻找深层的原因。

在有了这些启发之后，佩吉为自己开发了一个练习并且坚持做下去。每天早上，她转而面对那些等待她醒过来的所有体验。她向那里的聚集的恐惧打招呼，全然地承认它们令她感觉多么糟糕："你在那儿，我看到你。"然后，并不是从中逃离或转移，她去探索那些真实的恐怖感，只是把它当成感受。它是什么样子的？和它一起在这里的还有什么感受？她会认识到，感受的存在意味着在什么地方有些什么东西，被她知觉为具有威胁性了。但是，这里有了一个重要的转变，她再也不担心自己会成为那些具体的威胁的靶子。她没有尝试去修正这些困难的具有威胁性的未来情境。现在，她主要的考虑是，娴熟地对感到被威胁的即刻、当下的体验进行回应。这种转变带来的是，她认识到实际上她需要的是仁慈和温和，而非分析解决问题——"你不需要知道今天早上事情的细节——细节不重要。重要的是对你自己有仁慈和温和。"

如果她有时间，她会带着仁慈待在恐惧的感受周围，把温和的觉察带入感受中，不是以一种自作聪明的方式去摆脱它，而是为了在她的体验中的所有方

> 比起大量地分析解决问题，给自己一点点仁慈和温和是更智慧的、更有技巧的对受威胁的感受的回应。

面都有善意在展开着。常常是随着她在感受之中吸入觉察，一个意象就会出现，好像那些恐惧的感受是海滩上的一块石头，而大海会温和地怀抱着它，波浪跟踪着她呼吸的运动，结果每一次波浪都带着关照去触碰它，温和地带着温暖和

慈悲去环绕它。结果，带走了那块石头，以及伴随着恐惧感受的身体感觉，减小了二者的程度。感受不一定会消失，但它会变得没有那么核心，没有成为消耗一切的挣扎和冲突的中心。

如果没有时间来想象，佩吉会有目的地用仁慈和温和（那正是她的感受告诉她所需要的）来关注任何她在为当天所做的准备工作，通过这种方式，把善意和关爱一起带入她将要度过的困难的一天之中。

佩吉发现，她的害怕还会出现，但不像之前出现得那么频繁，而且出现的时候佩吉能够客观地面对它。并非像以前那样对"出错"怀有恐惧和担忧，或者把它诠释成为一个信号，说明自己是有缺陷的或者自己的生活有什么根本性的问题，现在，佩吉能够把感受看成是一个信息，提醒她自己在这一困难时刻需要变得温和、需要变得仁慈、需要好好照顾自己。

正如第4章中的故事，佩吉看到，尝试通过修正不愉悦的想法和感受或者关闭来赶走它们，对她并没有什么帮助，反而只是增加了她的无助感。她的担心持续地让她重新陷进去，因为她以为它们是可以被解决掉的。她的心一直在激活行动模式：修正、分析、评判、比较。最终，她开始把这整个心智模式看成一个机会，帮助她转换到存在模式，她意识到，带着温和的坚持，她能够有目的地在当下的每个瞬间保持注意力。她意识到，用不评判的觉察去保持任何发生着的事情，是所有她需要做的。这要求拓宽她的注意力的领域，包含身体作为一个整体的感觉。这让她以一种直接的、非概念性的方式看到从这一刻到下一刻正在发生着什么和她与体验之间的联结。她发现自己站在了一个不同的地方：瀑布后面。站在瀑布倾泻般的头脑产生的思想和感受的后面，她才可以接近它们，看到它们的力量，但又不会和它们一起被拉入深渊。

▢ 戴维的故事

从第一节课凝视葡萄干的练习开始，他看到葡萄干的折叠、纹路、亮晶晶的光芒以及深深的饱满的颜色，戴维就开始对探索正念产生了深深的热情。这一份体验让他想起了他曾经有过的生命里他最珍视的时光——很久以前的那些时候，他还是个年轻人，坐在一个废弃海滩的沙丘上，看着闪闪发光的海面远处的地平线；一个周日早晨，他醒过来感到朝气蓬勃，拉开窗帘，揭开一片新降临的雪景；曾经他还感到和这个世界是一体的，全然地存在，充满了对生命的感恩。

戴维意识到他可以通过改变他关注每一个瞬间的方式来改变他的体验，这对戴维来说已经被赋予了巨大的力量。他把自己带入正念生活的方方面面。随着时间的推移，他学会了优先关注身体感觉，作为一种保持和体验的直接联结的方法。每当他醒过来，在纠结并花费注意力在预期和计划这一天之前，他会做三个有目的的正念呼吸，感觉他的腹部随着呼吸一起一伏，把身体感觉作为一个焦点来集中他的注意力。在淋浴中，他把和水流的首先的接触当做一个提醒，告诉他全然地进入和当下一刻的存在中，转向他的身体感觉——当水泼溅到皮肤上时感受到麻麻的感觉、涂抹沐浴露时四肢的动作。随着他穿上衣服，在伸胳膊穿上衣服、系鞋带的时候，他有目的地放大伸展和弯曲的幅度，提醒自己转向肌肉的感觉中，就像他在参加正念瑜伽时所做的一样。

戴维改变了他和家人吃早餐的方式。收音机再也不会播放着新闻、外面世界的灾难状态和当地的交通情况，这些曾经隐隐约约地成为了家人为当天做准备时的背景声音。戴维再也不会一边翻着报纸，一边自动化地把事物放进嘴里，基本没有觉察到他吃的是土司还是玉米片，喝的是咖啡还是茶，也觉察不到是哪个孩子在叫嚷着找不到书包了。现在，他以更大的觉察来度过这段时间。他致力于正念的存在：戴维的意愿是为了他自己、为了家人，在早晨的这些瞬间里存在于这里。说到底，这不就是他的生活吗？

在开车去上班的路上，戴维必须要跨过一个铁道路口。为了让火车通过，路障会阻挡汽车的路，这种情况时常发生。过去，碰上这种情况戴维就会叹气："哦天啊，又来了！"然后就坐在车里，趴在方向盘上。现在，他的回应则是

"好吧，现在我有了一个在这里练习呼吸空间的机会。"只要时间允许，他就会做多次呼吸空间的三部曲——睁着眼睛做，直到路障被清除。重联此时和此地，他有意识地把精力放在正念地驾驶，注意着手指触碰方向盘的感觉，还有后背以及臀部和座椅的接触点，还会注意通过挡风玻璃看到的相关视野——路上其他车辆的细节、它们的颜色、它们的运动模式。在他到达公司的停车位的时候，他再也不会像以前那样因为想到一整天的压力和压到肩膀了的坏心情而坐在车子里一动不动。

通过勤恳的和有意识的努力来存在于当下，戴维转化并丰富的并不只是他这一个早晨的质量，而且还有他的傍晚，以至于他的周末。家庭生活开始再次成为快乐之地而非负担。但是他生活里剩下的时光呢，那些清醒着要用在工作上的一周中的工作时间又会怎么样？

这里的情况就不那么简单了。戴维为一家咨询公司工作，他大部分的工作涉及"用脑"——思考、计划、写报告，所有的事情都要在紧凑和压迫的截止日期之前完成。尽管他每天都准备得很好了，但戴维把正念带到这些活动中的尝试好像就是"没有什么效果"——看起来好像不可能用他之前吃早餐或听音乐或和家人在一起时的正念方式去同样接近这些经历。他可能会带着一个清楚的意向——要保持正念当下——然后开始他的工作，但是随着他坐下来回邮件、写报告，或者开发一项计划，或者为客户安排会面的日程，他会"丢掉"最初的意向——他会被卷走，淹没在任务中，需要给出一个完善的解决方案，需要看起来很聪明而避免搞砸。这会儿或那会儿他就会觉察到自己在多大程度上丢掉了和当下瞬间的联结，但是这会让事情变得更糟——他会开始感到很失望，埋怨他的工作好像在剥夺着他刚刚开始在生活的其他方面所体验到的幸福。

不时地，戴维就会去做一次呼吸空间。有时候，这真的很有效，让他能够集中他自己，重组，对于正在发生着的一切看得更加清楚。更常出现的是，他会从第三步开始感到他自己还是不在那里——在那里有他在生活中的其他领域所能欣赏到的空间感和清澈感。在这些时候，他的这些感受就是逼他回去完成任务的压力之一——尽可能快地完成现在这些任务，然后他就能开始探索如何在工作上变得更加正念。但是，当然，一旦他完成了一个任务，下一个就在那里等着他，呼唤着他的注意力。所以，戴维会让自己沉浸在那个任务之中，尽可能快地完成任务——然后他可能就有了去做正念的闲暇。但是，就像彩虹的末尾一样，不管戴维花了多大的努力，那个目标都看起来在不断隐退着。

有一段时间，戴维极不情愿地让自己顺从一个事实：工作就是不得不去忍受的，只要涉及正念，他的工作场所就是此路不通。所以，他决定把精力放在上班之前和下班之后的正念上，而在工作的过程中就"关闭"，只是去向前去做他所需要完成的事情。但是，挥之不去的是好像有什么走样了的感觉。他开始想象要辞掉他的工作，全家搬去郊区，过一种简单的生活，种植他们自己的食物，饲养一些动物，也许要成为一个陶艺师。他在想，再更加努力地多工作几年，这样就可以存足够多的钱来放下一切。

幸运的是，戴维继续练习并探索冥想和正念。他读了冥想的书籍，听了录音谈话，并且参加和冥想老师的对话。他在冥想练习之中自己所做的探索和询问，所有这些片段加在一起都这样或那样地通过一段时间来改变了戴维的方法。第一件产生了巨大帮助的事情是他在一本书上读到的一句清楚的话：正念为的是生活的全部，而不只是最容易培育正念的生活的边边角角。从那时起，戴维清楚地知道，他尝试把他的生活分成不同的地带，一些地带是他能够做到正念的而另外一些地带他不能，这种方法是并不可行的。后来，他觉察到了他并不是唯一面对这种问题的人——甚至是著名的正念教师也没有觉得把正念带入到涉及很多"头脑"任务的工作中是件容易的事！甚至一行禅师这位著名的备受崇敬的越南冥想教师，通过他大量的书和禅修在西方介绍了上千人来练习正念的教师，也在某一次承认他宁愿去捆书而不是写书。另外一位冥想教师，同样也是一位作家，叙述了他是如何几乎不得不在每个早晨把自己和电脑捆在一起来确保他在他的写作中能够写出一些字句。戴维发现，这些承认给了他巨大的自由。他发现很难把正念和"头脑"任务结合起来的事实并不意味着他做错了什么。而是这些言语概念任务的固有特质，使我们难以对它们保持正念觉察。另一个有名的教师描述他每每进行半个小时的写作或者其他"头脑"任务的工作，就要至少把心智模式转换到感觉觉察上面，至少 1 ~ 2 分钟，可能他会正念地沿着他的房子走走路，感受身体的运动，面前的新鲜空气的凉爽感，听听鸟叫的声音。这样，他就在存在模式里签到，不管有多么短暂，重联着存在模式，这样它就再也不会跑得很远了。

> 不时地用正念运动和"头脑"任务分离，使我们不会离存在模式太远。

受到这样的启发，戴维更新了他的意愿，尽可能地去把正念带到工作场景中。他发现，明确地承认他在尝试做的事情是有难度的，而并不是感到那是他"应该"能够做到的事情而且感到他好像失败了，这给他带来了很大的心安。他还发现，模式转换的休息给他带来一些好处，他常常会采取直立的形式，温和地伸展，关注于他的呼吸，还有仅仅是他脚底的感觉，在那里他感到植根了，连接着脚下的地球，而随着他温和地向上伸展，生理感觉遍布全身。但是，他还是发现自己会去做一些负向的比较，和工作之外它能够获得的存在和清澈感的水平去对比——他还是感到和那种正念之间有很大距离。行动的模式没有让他忘记，在他现在所拥有的，和他想要获得的，二者之间仍然存在着距离。

然后，他又看了正念老师拉里·罗森堡对于正念生活的指引——

一天里练习正念的五个步骤：

1. 可能的话，一个时间只做一件事情。

2. 全然地关注于你正在做的事情。

3. 当你的心从你正在做的事情上走神了，就把它带回来。

4. 每天数次地重复第三步。

5. 观察你的分神。

戴维发现，在他更广阔的生活里，第 1 ~ 4 步是帮助他变得更加正念的无价的指导。他尤其感谢第 4 步里的智慧和幽默。但是他真的从来没有到达过第

5 步，而且，事实上，他也不确定那是什么意思。所以，他决定，把呼吸空间包含进来大概是好的做法——毕竟，呼吸空间的第 1 步中的引导邀请他对于自己的体验中正在发生的事情变得觉察：想法、感受、身体感觉。以前，他都是很马虎地对待这一步，在他看来，第 2 步和第 3 步才是关键所在，所以他都是在进入第 2 步之前简单地认可他的体验，一带而过。而现在，他会在第 1 步上停留更长的时间，有目的地、更接近地，去看一看他每次在工作中做模式转换时自己在体验着什么想法、感受和身体感觉。他被自己的发现震惊了：不快乐和不满足的程度，还有在感受中的逗留；那么多次他的想法都围绕着"我不想这样，我想要那样"；在身体里发现的紧张、抗拒和反感的水平。戴维惊呆了。但是，他也觉察到了对于他现在才认识到的痛苦，自己开始有一些慈悲的感觉。

专栏 10-1　每日的正念

这里是一些小提示，佩吉、戴维和很多其他在我们的正念课堂里的人都发现这些小提示非常有帮助：

◎ 早上醒来到起床之前，把你的注意力先放在你的呼吸上，至少关注连续 5 个呼吸，让呼吸"自然而然地进行"。

◎ 注意到你的身体姿势。当你从躺着变成坐着、站着、走着的过程中，觉察你的身体和心理有何感受。注意到每次你从一个姿势变到下一个姿势之间的过渡。

◎ 当你听到电话响、鸟叫、火车经过、笑声、汽车轰鸣声、风声、关门的声音时，用这个声音或另外一种声音来提醒你自己全然地活在此时此地。真正地去倾听、存在、觉醒。

◎ 在一整天里，花上一些时间把你的注意力带回到你的呼吸上，至少连续五次全呼吸。

◎ 当你吃饭或喝水时，花 1 分钟呼吸。把觉知带到对你的食物的视觉、嗅觉、味觉，以及咀嚼和吞咽的感觉上。

○ 在你走路或站立时，注意你的身体。花上一会儿时间去注意你的姿势。注意你脚下和地面的接触。感受在你走路时你的面部、胳膊、腿附近的空气的感觉。你是在匆忙地想要到达下一刻吗？即使你很着急，也和着急在一起；看看你自己是否在告诉着自己一切可能出错的事情，给自己"添堵"？

○ 把觉察带入倾听和交谈中。你能否在倾听时不用做出认同或不认同的判断，不用陷入喜欢或不喜欢，不用计划在轮到你时要去说些什么？你能否只说你需要说的，而不会过分夸张或者轻描淡写？你能否注意到你的心理和身体有何感受？如果你保持沉默的话是否会更好？

○ 当你发现自己在排队时，利用这个时间，注意到你在站立着并呼吸着。感受你的脚和地面的接触，以及你的身体有何感受。把注意力带到你腹部的一起一伏上。你是在感觉不耐烦吗？

○ 觉察到全天之中你身体在任何时候感到的紧张。看看你能否把呼吸带到那个部位，随着你呼气，放下任何过分的紧张感。你能觉察到身体里储存的任何紧张吗？在你的颈部、肩膀或者胃部、下巴、后腰部位是否有任何紧张？去了解你的反感迹象（见第 7 章）。如果可能，一天做一次伸展或瑜伽。

○ 关注你的日常活动——如刷牙、梳头、洗脸、穿鞋、工作。把正念带到每一项活动中。

○ 在你晚上睡觉之前，花一小会儿时间把你的注意力带到你的呼吸上，至少 5 个全呼吸。

随着对探索呼吸空间的坚持，戴维越来越觉察到他的行动模式是非常忙碌的。它要干什么？它在忙着做那些它总是在做的事情：计算匹配或者不匹配，在目标和现有状态之间的差距大小。对戴维来说，行动模式的运作意味着他在进行着比较，标准是自己带着他想要的正念、清晰和平和的状态在工作，这就在过程中创造了更多的不快乐。他逐渐明白，他看到的是"渴望"——渴望事情会有所不同。一遍又一遍地，他觉察到了这样做给他带来了多少不开心。最终，他不仅仅是在头脑层面上，而是深入骨髓地知道，不仅仅是在头脑层面知道，他在给自己找苦头吃。而且，和这一洞察一起来的是一种富有同情心的回应——为什么不帮自己一个忙然后放下它？一句"我不是必须要变得快乐"来到了他的脑海中。正如他对自己所说的一样，戴维体验到了一种美好的轻快的感觉，就好像是他一直带了很长时间的负担突然间离开他了。然后他感到快乐了！

戴维继续做着同样的工作——他还是不会在工作中体会到他所知道的在他更广阔的生活里所能体验到的清澈和平

> 放下快乐的目标，可以为快乐本身的到来铺路。

和，但是，他能够在工作情境中坐得更加轻快了。正如佩吉一样，他能带着更大的仁慈和慈悲去回应，去在这一不同的设定中更好地照顾自己。现在他深深地知道，正念更多的是要对树的颜色或者鸟的叫声给予更仔细的关注，为这些事情而喜悦。他知道，正念还给他提供了一种方法，帮我们区分这些为我们服务的模式，以及那些创造并延长了痛苦的心智模式。他还发现了我们中每个人可能会用自己的方式所发现的：我们拥有最根本的智慧来源，它就在我们自己的大脑、身体和心中。

并不是那些困难的情况、担心、记忆和别人压制了我们的正念练习，也不是说我们对其显得漠不关心。而是说，在把当下觉察带到其中时，我们就为正念制造了更大的空间，达到足以让它们只成为我们体验的一部分。我们可能发现自己开始在当下一刻创造了更多的空间，以实现并呈现我们真正的本我、我们真正所处的位置的全面范围。我们可能会开始用一种崭新的不同方式信任我们自己。我们可能会发现，就是做我们本来的样子是可以的，我们可以接纳我们本来的样子。我们可能开始感到一种越来越强烈的对于我们已经拥有的生命的感恩，而不是想要去抓取一段我们幻想的生命。我们可能决定接纳这个机会，来看看，来品尝我们面前已有的生命，因为，我们的生命就是在一刻又一刻地展开。这是正念的伟大探险，这是活着的伟大探险。

当我们的头脑不时地被那些可能在我们旅途的终点等待着我们的奖励或者危险所占据时，我们就在把自己从生命本身的丰富之中切割，失去了我们去认识每一个瞬间所具有的品质的能力。在任何一个短暂的时刻，这可能看起来不是什么大的损失——但是一整个生命中失去了一个又一个时刻的结果就是失去了整个生命。

对于我们中的太多人来讲，悲剧并不是说我们的生命太短暂了，而是说我们在开始真正地活着之前花了太长的时间。我们从正念练习中发现的智慧来源，如果我们允许它，它最终会让我们看到从不幸福之中衍生的巨大悲剧和痛苦。如果我们有勇气去在此时此地培育觉察，它会让我们看明白，并且安定下来，然后去珍惜每一个时刻深沉的平和。它会让我们体验到活着的感受。

爱后有爱

那一天终会到来。

那时，你会兴高采烈地，

问候着你自己的到来。

你站在自己的门口，站在镜子里的自己面前，

相互微笑着，欢迎彼此。

你会说，坐下吧，请吃饭。

你会重新爱上陌生人，他曾经是你自己。

赐予他红酒。赐予他面包。赐予他你的心。

这个用尽了你的一生，一直爱着你的陌生人，

这个你一直忽视了的人，

这个用心去了解你的人。

从书架上、照片中、绝望的笔记里，

找到爱的书信，

从镜子里剥离出你自己的形象。

坐下。享受你的人生。

——德里克·沃尔科特（Derek Walcott）

第11章

正念课程和你的生活：

联合起来

    不管你是不是在读这本书的过程中选取了一些练习，你现在大概有兴趣系统地为自己投入一段整个正念课程的体验。在本章中，我们会带你一步步地了解针对抑郁症的正念认知行为治疗项目的 8 次课程（见表 11-1）。最好的接近它的方式就是设定好一段 8 周的时间，在这段时间里你可以每天付出一个小时的时间，用于投入各种在这里所概括的冥想练习和训练。

    正如任何新技能的获得一样，投入在这里所描述的正念练习会涉及一些关于我们如何学习的转变。以游泳为例，肯定会有那样一个时刻：老师不得不停止口头讲授，接着邀请你进入水中。不管对怎样漂在水面上讲解得多么到位，但只讲解是不够的。我们需要自己直接去体验。正念的练习也是这样。和游泳一样，从谈论正念到实际去获得一手的经验，这个过渡可能会让人感觉到有点害怕（尤其是对于我们之中的一些已经习惯了在生活的其他方面都非常有能力的人）。在这两种情况中，坚持练习都是必需的。短暂地沾一下水对于学会游泳来说是不够的。同样，一次课程或者两次练习对于冥想来讲也不是特别有用。正念冥想在有的时候可能让人感觉很兴奋和富有启发性，但是它同样也会让人感到非常无聊，尤其是在早期练习阶段，除非我们学会了如何和心智状态、感受状态去工作，比如无聊感。在不同的时候，我们必然会有感到烦躁、受挫和缺乏耐心，还有其他的很多心理或身体状态。那都完全不是任何问题，只要我们记得，在任何时刻，都可以把所有那些状态都轻松地保持在觉察之中。而且，让我们不要忘记那令人惊叹的证据——冥想练习还可以催化深深的自我接纳以及内在智慧，能够以根本的方式转化我们的生命。

表 11-1　八周正念课程练习一览表

周次	每日练习
1	身体扫描（第 2 轨） 日常生活中的正念
2	身体扫描（第 2 轨） 愉快事件日志 10 分钟正念呼吸，坐姿（第 4 轨）
3	站式正念瑜伽、正念呼吸、正念呼吸与身体觉察（第 3、4、5 轨） 瑜伽 不愉快事件日志 3 分钟呼吸空间（第 7 轨）
4	站式正念瑜伽、正念呼吸、正念呼吸与身体觉察（第 3、4、5 轨） 对愉快和不愉快事件的觉察 3 分钟呼吸空间（第 7 轨）
5	正念呼吸与身体觉察（第 4、5 轨），然后探索困难之处 3 分钟呼吸空间（第 7 轨），打开身体之门
6	正念呼吸、身体、声音和想法（第 4、5、6 轨） 3 分钟呼吸空间（第 7 轨），打开思想之门
7	每日交替练习（1）自选冥想（不用音频；每天 40 分钟）和（2）正念呼吸、身体、声音和想法（第 4、5、6 轨） 3 分钟呼吸空间（第 7 轨），打开行动之门
8	你的余生：选择一个可持续的正式和非正式的正念练习模式

注：正如我们在本书最开始所提到的，如果你现在正经历着临床诊断的抑郁症（见第 1 章），我们建议你现在不要去实行这个项目。我们建议你等待，直到最糟糕的情况过去了，你感到好一些了，再开始正念课程练习。

一周接着一周，我们会把新的元素介绍到日常练习中，这样在八周过后你就会持续地积累并且深化你之前所学的内容。花时间来做冥想练习是很重要的。尽你所能地跟随着音频上的指导语和说明，即使有时候你感到困难、无聊或者冗长。如果你感到有什么很困难，那么我们的结果导向的强迫行动的大脑可能会感兴趣急着去做下一个练习，希望找点更平和的。但是，看一看你是否能记起，这里的意愿并不是要为了一个目标而奋斗，甚至都不是为了去放松或者找到些许平和。我们所谓的"好"或者愉快的感受，如果出现的话，是练习过后的一个受欢迎的副产品，但它们无论如何也不是练习的"那个"目标。如果说在那里是有任何"目标"的话，那"目标"就只是全然地与任何出现的体验一起存在，带着开放的空间性，去觉醒，去全然地活着，全然地成为我们已经成为的真正的核心本我。

无疑，在冥想练习中需要有努力，但那是耐心、承诺以及信任的智慧的努力，而非不断地去查看你为了到达你以为的"目的地"已经做出了多大的"进步"。它更像是希望一只蝴蝶会安住在你的肩膀上。尝试去让它那样做，如果它不那样做就变得越来越烦躁，这只会让结果更不可能发生。结果，你就不得不放弃尝试，看看蝴蝶是不是会自己降落在那里。

使用本书中描述的各种练习，为了更多的正念的正式培育，很智慧的做法是在每日的基础上制定一些特定的时间。尝试把这段时间看成是为了自己的特殊时间，这样你就会相应地给它保护和尊重。为我们自己花上这些时间不意味着你是自私的。相反，花这样的时间来沉浸在当下的时刻，不管我们在这里会发现什么，都是一种智慧和自我慈悲的行为。为了练习而把自己献给一个特定的时间和地点，这可能意味着你在重新安排着你的生活。我们之中没有什么人能够每天有一个小时的空闲时间，要么都被安排给了家人或者工作，要么是睡觉。所以，为了8周的训练，这些安排可能需要得到修改和重新制定。这样做在某种程度上是很有挑战的，甚至只是来调整两个月，但是做这样的承诺并在之后从头至尾遵循它是至关重要的，它是正念内在纪律的一部分。否则，我们去练习的有价值的意愿会难以避免地被其他事情所压缩，即使那些事情看起来是更紧急更重要的。行动的心智总是会非常高兴地呈现给我们一个不可抗拒的情况，让我们"今天"不去练习，或者在我们的承诺上挖墙脚。你可能会发现，早上早起一个小时，把那个小时贡献给正式的练习，是最有效的做法。如果这样的话，大概你就会需要更早地上床睡觉，这样你的练习就不是整个牺牲掉了你所需要的睡眠时间。当你在一个时间点、一个地方安定下来，最好能够做一些调整，保证你会很温暖和舒适，告诉任何那些需要知道你在做什么的人，防止他们干扰或打断你。如果在这段你专门用来做练习的时间里，你的手机响起来，而没有其他人去接电话，看一看是否可能就让它去响，"离开"任何在打电话的人，"进入"你自己。仅仅这样做就是一个有力的滋养练习，尤其是在我们的移动电话每天 24 小时保持开机状态的时代。我们可以把这个时间看成是为了充电而和自己联结的时间，这对于我们所有人来讲都越来越宝贵。

虽然我们有时不得不去处理来自外部的对练习的干扰，但是内在的干扰才是最有挑战性的。我们持续不断地干扰着自己，随着我们尝试保持特定的注意力焦点，我们开始观察到自己内心的活动，这时，这种干扰就变得非常明显。那些干扰可能有很多种形式，比如走神的心，有欲求的心，评判的心；计划的心，担忧的心；强迫性的、反复思考的心；关于我们刚刚记起的我们需要去做的事情的想法，还有伴随着的不得不"现在就行动"的感受。如果这种情况发生，看看你能否尝试让所有这些想法、计划、评判、自我对话自然地在你心中来去，就像天空中的云一样，而不用去对他们有所反应，好像你必须现在就去做点什么。让我们尽可能地抑制自己，不把冥想练习转变为我们现在必须去做的另外一件"事"。因为它不是关乎行动的，它只是存在，只是你自己。

当我们通过 8 周正念课程来引导病人时，发现很重要的一点是我们会在每次课程之前提醒自己本次课程的更大"日程"。同样的道理，我们推荐你每周开始时也去回顾本书的相关章节。为了帮助你这样做，我们在这里概括课程的每一周的推荐项目，并且在最开始就强调它们。现在是合适的时机去整合每一章中描述的额外练习了，如果你之前并没有这样做的话。

最后，记住一点很重要：享受练习并不是必须的。事实上，你完全不是必须去喜欢它。挑战就是坚持完成 8 周，尽你所能地用你能够付出的全心全意的态度去跟随导语，整个过程中停止你的评判。尽你所能地，放下所有的日程，甚至放下想要变得更好的愿望，然后一个瞬间接着又一个瞬间、一天接着一天、一周接着一周，去看看会发生什么。一天接着又一天去跟随练习，这会成为你生命中亲密的一部分、你的日常例行程序的一部分——带着这样的意愿，但是却永远不要让它成为一个例行程序。这是邀请你一直对新的事物敞开，因为每一个瞬间都是新的和独一无二的，且可以为我们所用。

让我们自己沉浸并认识到我们是（或可以）如此全然地活着，在这一探险之中，你负责的部分只是输入即你把什么带入练习中。而输出，或结果，在某些方面是可以预测的，但是在另一些方面它又是完全不可预知的。任何结果都会对我们中的每个人是独一无二的，而且总是在不断改变着。我们中没有人会预先知道在未来存在的时刻会发现什么。我们所有要去了解的是现在。如果我们可以为了这一个现在的瞬间而存在于这里，和那些已经确切地存在于此的事情一起，这才是真正的练习。而其余部分会自己有所照顾的。

第二点最重要且要记住的是，每天都要练习，即使其中某些天只能练习 5 分钟。最重要的是，要记住真正的练习除了你的生活别无他处。

📖 第一周（第 3 章和第 5 章）

在你正式练习的第一周，我们建议你使用第 2 轨音频的指导语来练习身体扫描。每天都做，不管你是否喜欢它。为了让你去练习，你将必须利用你每天状态最好的时刻去实验，但要记得，主要的思想是"保持清醒"，而不是要入睡。如果你练习时总是感到非常困，你可以尝试睁着眼睛去练习。

在你的每日生活之中培育正念——也就是我们所谓的"非正式练习"——你可以尝试把一刻接着一刻的觉察带到日常的活动中，如刷牙、淋浴、擦干身体、穿衣服、吃饭、驾驶、倒垃圾。这里可以列的事项是无尽的，但是关键是简单地聚焦在当你实际正在做着一件事的时候知道你正在做什么，还有从一个瞬间到下一个瞬间你在思考着什么、感受着什么。你可能发现这样做会有帮助：每周挑一个日常活动，如刷牙，然后看一看你能否记得在你做这项活动时全然地存在，每一次你做的时候，就尽可能地专注它。当然，这并不是那么容易的，所以，忘记了练习然后再重新记起来也会成为这一练习的重要部分。并且，你可以尝试在一周之中至少正念地吃一顿饭。

▣ 第二周（第 4 章）

跟着音频的指导语继续每天练习身体扫描。你可能会发现记住这一点很有帮助：身体扫描是一个基本的练习，它的好处可能要经过一段时间才能显现出来。作为身体扫描的补充，可以在当天的其他时候一边静坐 10 分钟一边练习正念呼吸（音频的第 4 轨）。

第二周的非正式练习，我们建议你延伸正念到每日的活动中，添加一项新的你每天会做的日常活动，在这一活动中特别去保持存在和关注，还有做你第一周选定的活动。尝试每天觉察生活里一件愉悦的事，就在它正在发生的时候，这也是一个很好的主意。为这一周保持一个日历表（见表 11-2），简略体验的内容，在发生的时候你是否真觉察到它了（任务虽然是这样，但有时候并不会真的这样发生），当时你的身体有何感受，出现了什么想法和感受，在你记录的时候有什么想法经过了你的脑海。

表 11-2　愉快事件日历表

在愉快事件发生时有意识地去关注它。使用下面的问题将注意力集中到所发生的愉快事件的细节中去，然后记录下来。

体验了什么样的事件	在这次经历中，你的身体具体有什么样的感觉	伴随着这一事件的发生，有哪些想法和图像出现（用语句写出想法；描述图像）	伴随着这一事件的发生，你有什么心境、感受和情绪	现在，当你写下这些，你的内心里有什么样的想法
例如，回家路上在转弯前停下来，听到小鸟在唱歌	面部很轻松，觉察到肩膀放松，嘴角上扬	"真好。""（小鸟）真可爱。""在外面真好。"	放松，愉悦	我很高兴我能注意到如此微小的事情
周一				
周二				
周三				
周四				
周五				
周六				
周日				

第三周（第 6 章和第 9 章）

我们建议在第三周你可以停止练习身体扫描，可以用更长时间的每日静坐来替换，每次开始前先做 10 分钟温和的正念瑜伽。你可能发现做这个练习的最简单的方式是首先确保你瑜伽后要静坐的地方是准备好的，直接跟随音频第 3 轨的指导语（正念站式瑜伽），第 4 轨（正念呼吸）和第 5 轨（正念呼吸和身体）。如果你想要更深地探索正念瑜伽，作为你练习的一部分，你可以利用两个 45 分钟的引导式瑜伽序列，我们和乔·卡巴金在正念减压课程和正念认知行为治疗课程中将它们作为《系列 1：引导式正念冥想训练项目》的一部分，可以从网上获得 www.mindfulnesscds.com。在牛津的正念认知行为治疗课程中部分使用的正念瑜伽可以在马克·威廉姆斯的《正念练习》的 5 张音频系列中获得，通过牛津认知治疗中心（www.octc.co.uk）。要记住在做瑜伽时只去做你感觉你的身体能够做到的，一直采取保守的姿态，小心谨慎地倾听你身体传达的信息。还要记住，如果你有慢性疼痛，或任何种类的骨骼疾病、肺病或心脏病，都需要去和你的医生或身体治疗师核查。

第三周开始练习 3 分钟呼吸空间将是个好时机（第 9 章）。我们建议你开始时每天提前决定好选择在三个时间来做练习。使用音频中的引导（第 7 轨），直到你记住了要点之后再给自己用同样的方式练习。

第三周的非正式练习是，每天试着去详细地觉察你在一件不愉悦或有压力的事情上的体验。观察并记录这些不愉快的事件，就像你在第二周中的愉快事件之中所做的一样。表 11-3 提供了一个示例的日历表。

表 11-3　不愉快事件日历表

注意对不愉快事件发生时保持警觉。使用下面的问题将意识集中到所发生的不愉快事件的细节中去，然后记录下来。

体验了什么样的事件	在这次经历中，你的身体具体有什么样的感觉	伴随着这一事件的发生，有哪些想法和图像出现（用语句写出想法；描述图像）	伴随着这一事件的发生，你有什么心境、感受和情绪	现在，当你写下这些，你的内心里有什么样的想法
例如，在银行排队等待，有人向前推我	我的眼周很紧，我的下巴收紧，然后我的肩膀向下垮	"我应该坚定一些，" "有人只管他们自己，" "如果我不是这么隐形，别人就不会把我推来推去。"	我感到生气和被利用。然后我感到内疚因为我没有为自己坚持	"如果有一些不公平的事，我就总会责怪我自己。"
周一				
周二				
周三				
周四				
周五				
周六				
周日				

◻ 第四周（第 6 章和第 7 章）

第四章的每日正式练习，我们建议你继续做正念瑜伽（音频中的第 3 轨）、正念呼吸（第 4 轨）、正念呼吸和身体（第 5 轨）这一系列。本周，尤其要去看一看你能否把这些练习当做是一个倾听你每时每刻的愉悦和不愉悦感受的机会。如果在练习的时候，你开始觉察到任何非常强烈或不愉悦的体验，或者任何强烈的反感或者不喜欢，你可以尝试将这些练习看做机会，去试验更加有技巧地、温和地对困难或讨厌的对象进行回应，它和单纯地反应是相反的。

继续每天在你提前安排好的有规律的时间练习三次呼吸空间。而且，你可以开始去有目的地试验对于你每天生活里的不愉悦和有压力的事件进行回应。方法是，任何你觉察到了你正难于保持在当下、感到不开心、有压力，或者失去平衡的时候，做一个 3 分钟呼吸空间。

◻ 第五周（第 7 章）

在第五周，我们继续暂停正念瑜伽，当然，如果你想做的话你总是可以继续去练习的。但是，本周的正式练习的主要焦点是对反感变得更加觉察，带着更大的承认与接纳，培养温和地对不愉悦的感受进行回应的方式。我们建议你每天都练习正念呼吸以及正念呼吸和身体，利用音频第 5 轨和第 6 轨，然后关上音频，继续有目的地在脑海中回想一件困难或令人担心的事情。用第 7 章中的指导，探索并试验去更温和、仁慈地对不愉悦感受和身体感觉的回应方式。通过这些探索，确保好好地照顾你自己，使用第 7 章中的指导。这样和意见困难或令人担心的事情相处五分钟左右的时间，之后，你可能发现如果用一次 3 分钟呼吸空间来结束你的每日静坐是很有帮助的（音频第 7 轨）。

和第四周一样，继续每天在你设定好的时间上练习三次 3 分钟呼吸空间，而且在任何你觉察到不愉悦的感受时也去练习。本周，你可以去探索"开启身体之门"的练习（第 9 章）。

▣ 第六周（第 8 章）

在第六周中，我们关注的是思考。每天的正式练习，我们建议你做音频第 4 轨（正念呼吸）、第 5 轨（正念呼吸和身体）、第 6 轨（正念声音和想法）这一系列。在第 6 轨（正念声音和想法）导语的结尾部分，你会在其中发现培育无选择性的觉察的指导语。我们建议你在听完这一轨音频之后停止播放音频，然后自己继续安静一段时间，用那一轨音频结束时的指导还有第 9 章中概括的指导。之后，你可能发现用一个 3 分钟呼吸空间来结束练习是很有用的（第 7 轨）。

继续在之前设定好的时间每天练习三次呼吸空间，还有任何你体验到不愉悦的感受的时刻。本周，你尤其可以把注意力放在当你体验不愉悦感受时出现的想法上。一种可以选择的方式是跟随我们称为"开启想法之门"的练习（第 9 章）。

这时，你也许为自己做一个决定：什么时候做什么练习，花多长时间。在四周或五周之后，很多人都越来越准备好为他们自己的冥想练习做个性化的设计，只把我们的指导当做参考。八周结束时，我们的目的是让你自己用你发现最有帮助的方法来制定练习，整合正式和非正式的练习，将它们调整到适合你的时间安排、你的需求以及你的秉性。

▣ 第七周（第 3 章和第 9 章）

为了鼓励自我导向练习，如果可能的话，本周的单数日之中，我们致力于不听音频的情况下练习。我们建议，在练习日中，你每天总共投入五十分钟，而这段时间中自己决定如何整合静坐、正念瑜伽和身体扫描。我们鼓励你去试验，也许同一天中可以使用两种甚至是三种练习的整合。比如，一天中你可以做 10 分钟瑜伽，紧跟着再做 20 分钟的静坐冥想，然后当天的另一个时间做 10 分钟的身体扫描。另外一天，你可以在做了 10 分钟的正念呼吸练习之后，继续做 40 分钟的无选择性的觉察的静坐。

在本周的偶数日中，我们建议你使用第六周中给出的正式练习的指导（第

4、5、6轨），跟着继续可以练习无选择性的觉察，或者回到对呼吸的觉察上。

此时，你可能发现这样做会有帮助：通过阅读第9章来回顾你的3分钟呼吸空间练习。继续每天做常规的、设定好时间的呼吸空间三次。在你用一次呼吸空间来回应不愉悦时间时，本周可以关注"开启有技巧的行动之门"这一选择（第9章）。

第八周（第10章）

如果你决定正念练习有足够的价值让你继续去培养它，该课程的第八周你会自己确定你的每日正念练习模式，这一模式会帮助你在未来继续练习。第八周是一个好时机重新回顾所有的正式练习，包括身体扫描，用自己的方式，以任何你选择的顺序或整合来经历一遍音频第1～7轨。当然，你最终选择的练习模式可能是基于你自己对其中之一或其中多个练习的掌握，而完全不用听任何导语。在我们的经验中，几乎无一例外，人们发现把呼吸空间作为每日练习的一部分是具有很大价值的。在第10章中（"每日正念"）你会找到更多的建议，关于如何保持正念练习的动机以及在日后的深入。

第八周是我们正式推荐练习的最后一周。但它也是开始全部靠你自己去练习的第一周。我们会告诉病人，第八周代表着你的余生。它是一个全新的开始，如同它是一个值得纪念的完结一样，但不意味着任何结束。不是因为我们一起来到了这个时点，练习就可以结束了。现在不妨这样说，你将坚定地坐在驾驶员的座椅上，同时也许你感觉自己完全像一个新手，过早地自己开始操控。这完全是正常的感觉。现实情况也正如此，因为正念练习是无止境的，它给我们每个人提供成长为我们自己的潜能。但是，如果你到这时已经能够以常规的、有纪律的方式去练习，像我们之前鼓励你的那样去做，无疑你已经品尝够了当下的风声，想要继续去带着对存在的崇敬去活出你的生命，让任何我们所投入的行动由内、由外地从我们的存在中流淌出来。这时，不管思考、评判的头脑相不相信，你都已经发展出了足够的技能和经验，得以保存你已经通过在这八周之内的个人努力而生成的动机。而且这一动机，连带着你的心本来就有的智慧，会继续引导并塑造你自己的正念练习的深化过程，帮助你全然地拥抱这一持续进行着的历经甘苦的探险——我们称之为生命。

所有的当代冥想老师，包括我们自己，都鼓励学生从他们忙碌的生活中找寻一些时间，每天做某种正式的冥想练习，如静坐、觉察呼吸本身。我们来花多长时间练习并不重要，只要我们每天都尝试在整个行动和前进的生活中暂停一下进行练习，不管时钟上显示这个练习有多么短暂。最终，正念不是关乎时间的；它是关乎现在的。所以，即使是时钟上的短暂时刻，只要我们真的带着觉察活在当下，以存在的模式，那它们就都是从根本上的重新导向与疗愈。但是，为了真正了解我们自己的心智和身体的样貌，很重要的是要定期造访它们，或者，也许可以说是在这里有永久的居住权，而非是一个长期的旅客。甚至更重要的是，或早或晚，都要学习这种语言。就好像获得流利的外语能力一样，沉浸在其中，一遍一遍地去使用它，是极端重要的。通过定期的练习才能使流利性有所保持。

如果你定期培育正念，你几乎肯定会发现，你的心智有着丰富的内在资源，你之前几乎不知道它的存在。或者说，即使你很怀疑这一点，你也许不知道从你自己的身、心、灵的深处就可以系统地获得这些资源，并且为了你自己的益处、他人的幸福而有智慧地使用它们。当你发现，生命的现状在一种新鲜和更清晰的视野中，事物自然地、自愿地发生，你可能会突然感到惊讶。当你的心以一种充满空间感的形式存在，带有自由自在的感觉，和任何正在展开的一切都保持更智慧的联结，而且能够适时放下，并用之前看来不可能甚至是没有想过的方式前行，这时你可能会感到神奇。你正在你自己内在发展出一种智慧，这种智慧能转化你的情绪和生活。一旦你为自己尝到了这一甜头，看到更深入地将它吸收的可能性，那么，任何时候都没有什么会是一成不变。

正念冥想

《正念：此刻是一枝花》

作者：[美] 乔恩·卡巴金　译者：王俊兰

本书是乔恩·卡巴金博士在科学研究多年后，对一般大众介绍如何在日常生活中运用正念，作为自我疗愈的方法和原则，深入浅出，真挚感人。本书对所有想重拾生命瞬息的人士、欲解除生活高压紧张的读者，皆深具参考价值。

《多舛的生命：正念疗愈帮你抚平压力、疼痛和创伤（原书第2版）》

作者：[美] 乔恩·卡巴金　译者：童慧琦 高旭滨

本书是正念减压疗法创始人乔恩·卡巴金的经典著作。它详细阐述了八周正念减压课程的方方面面及其在健保、医学、心理学、神经科学等领域中的应用。正念既可以作为一种正式的心身练习，也可以作为一种觉醒的生活之道，让我们可以持续一生地学习、成长、疗愈和转化。

《穿越抑郁的正念之道》

作者：[美] 马克·威廉姆斯 等　译者：童慧琦 张娜

正念认知疗法，融合了东方禅修冥想传统和现代认知疗法的精髓，不但简单易行，适合自助，而且其改善抑郁情绪的有效性也获得了科学证明。它不但是一种有效应对负面事件和情绪的全新方法，也会改变你看待眼前世界的方式，彻底焕新你的精神状态和生活面貌。

《十分钟冥想》

作者：[英] 安迪·普迪科姆　译者：王俊兰 王彦又

比尔·盖茨的冥想入门书；《原则》作者瑞·达利欧推崇冥想；远读重洋孙思远、正念老师清流共同推荐；苹果、谷歌、英特尔均为员工提供冥想课程。

《五音静心：音乐正念帮你摆脱心理困扰》

作者：武麟

本书的音乐正念静心练习都是基于碎片化时间的练习，你可以随时随地进行。另外，本书特别附赠作者新近创作的"静心系列"专辑，以辅助读者进行静心练习。

更多>>>　《正念癌症康复》作者：[美] 琳达·卡尔森 迈克尔·斯佩卡

抑郁 & 焦虑

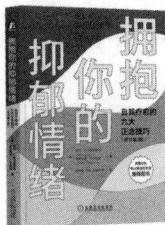

《拥抱你的抑郁情绪：自我疗愈的九大正念技巧（原书第2版）》

作者：[美] 柯克·D.斯特罗萨尔 帕特里夏·J.罗宾逊 译者：徐守森 宗焱 祝卓宏 等

美国行为和认知疗法协会推荐图书
两位作者均为拥有近30年抑郁康复工作经验的国际知名专家

《走出抑郁症：一个抑郁症患者的成功自救》

作者：王宇

本书从曾经的患者及现在的心理咨询师两个身份与角度撰写，希望能够给绝望中的你一点希望，给无助的你一点力量，能做到这一点是我最大的欣慰。

《抑郁症（原书第2版）》

作者：[美] 阿伦·贝克 布拉德 A.奥尔福德 译者：杨芳 等

40多年前，阿伦·贝克这本开创性的《抑郁症》第一版问世，首次从临床、心理学、理论和实证研究、治疗等各个角度，全面而深刻地总结了抑郁症。时隔40多年后本书首度更新再版，除了保留第一版中仍然适用的各种理论，更增强了关于认知障碍和认知治疗的内容。

《重塑大脑回路：如何借助神经科学走出抑郁症》

作者：[美] 亚历克斯·科布 译者：周涛

神经科学家亚历克斯·科布在本书中通俗易懂地讲解了大脑如何导致抑郁症，并提供了大量简单有效的生活实用方法，帮助受到抑郁困扰的读者改善情绪，重新找回生活的美好和活力。本书基于新近的神经科学研究，提供了许多简单的技巧，你可以每天"重新连接"自己的大脑，创建一种更快乐、更健康的良性循环。

《重新认识焦虑：从新情绪科学到焦虑治疗新方法》

作者：[美] 约瑟夫·勒杜 译者：张晶 刘睿哲

焦虑到底从何而来？是否有更好的心理疗法来缓解焦虑？世界知名脑科学家约瑟夫·勒杜带我们重新认识焦虑情绪。诺贝尔奖得主坎德尔推荐，荣获美国心理学会威廉·詹姆斯图书奖。

更多>>>

《焦虑的智慧：担忧和侵入式思维如何帮助我们疗愈》 作者：[美] 谢丽尔·保罗
《丘吉尔的黑狗：抑郁症以及人类深层心理现象的分析》 作者：[英] 安东尼·斯托尔
《抑郁是因为我想太多吗：元认知疗法自助手册》 作者：[丹] 皮亚·卡列森

心灵疗愈

《焦虑是因为我想太多吗：元认知疗法自助手册 》

作者：[丹] 皮亚·卡列森 译者：王倩倩

英国国民健康服务体系推荐的治疗方法；高达90%的焦虑症治愈率；提供了心理学家的实用建议、研究案例和练习提示，帮你学会彻底摆脱焦虑的新方法

《社交恐惧症》

作者：王宇

社交恐惧症——3000万人的社交困境，到底是什么困住了你？如何面对我们内心的冲突？心理咨询师王宇结合多年咨询与治疗实践，带你走出恐惧、焦虑的深渊，迎接生命的蜕变

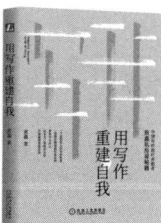

《用写作重建自我》

作者：黄鑫

中国写作治疗开创者黄鑫力作
教你手写内心，记录自己独特的历史
打破枷锁，重建自我

《生活的陷阱：如何应对人生中的至暗时刻》

作者：[澳] 路斯·哈里斯 译者：邓竹箐

畅销书《幸福的陷阱》作者哈里斯博士作品；基于接纳承诺疗法（ACT），在患病、失业、离婚、丧亲、重大意外等艰难时刻，帮助你处理痛苦情绪，跳出生活的陷阱，勇敢前行

《拥抱你的敏感情绪：疗愈情绪，接纳自我》

作者：[英] 伊米·洛 译者：何巧丽

你是感知力非凡的读心人
也是受情绪困扰的孤独者
学会接受自己的情绪，以独一无二的方式和世界相连

更多>>>

《走出抑郁症：一个抑郁症患者的成功自救》作者：王宇
《直面惊恐障碍》作者：顾亚亮 史欣鹃
《依赖症，再见！》作者：[美] 皮亚·梅洛蒂 等